창조경제와
항공우주력 건설

— 기회와 도전

연세대 항공우주력 연구총서 14

창조경제와 항공우주력 건설

— 기회와 도전

인 쇄: 2015년 9월 10일
발 행: 2015년 9월 14일

편저자: 문정인 · 김기정

발행인: 부성옥
발행처: 도서출판 오름
등록번호: 제2-1548호(1993. 5. 11)
주 소: 서울특별시 중구 퇴계로 180-8 서일빌딩 4층
전 화: (02) 585-9122, 9123 / 팩 스: (02) 584-7952
E-mail: oruem9123@naver.com

ISBN 978-89-7778-450-5 93390

* 잘못된 책은 교환해 드립니다.
* 값은 뒤표지에 있습니다.

이 도서의 국립중앙도서관 출판예정도서목록(CIP)은 서지정보유통지원시스템 홈페이지(http://seoji.nl.go.kr)와 국가자료공동목록시스템(http://www.nl.go.kr/kolisnet)에서 이용하실 수 있습니다. (CIP제어번호: CIP2015024570)

연세대 항공우주력 연구총서 14

창조경제와 항공우주력 건설

— 기회와 도전

문정인 · 김기정 편저

Yonsei Univ. Air & Space Power Studies Series 14

ROK Creative Economy and Aerospace Power Building

Opportunity and Challenge

Edited by

Chung-in Moon • Ki-Jung Kim

ORUEM Publishing House

Seoul, Korea

2015

머리말

본 연구총서는 2015년 7월 14일 공군이 후원하고 연세대학교 항공우주력 학술프로그램이 주관했던 제18회 연세대학교 항공우주력 국제학술회의에서 발표된 논문들을 정리하여 수록한 연구서이다. 올해 발행하는 연구총서는 우리나라 항공우주력 건설이 국가안보와 창조경제에 어떻게 기회와 도전으로 작용하는지 그 실효성과 논리적 타당성을 종합적으로 제공하는 데 목적이 있다. 1998년 대한민국 공군과 연세대학교의 협력하에 첫발을 내딛은 연세대학교 항공우주력 국제학술회의는 연세대학교 국제학연구소 산하에 설립된 공군력 연구프로그램으로 시작하여 올해 18회를 맞이하게 되었다. 현재까지 연세대학교에서 주최한 항공우주력 국제학술회의는 우리나라에서 가장 오래되고 유일한 공군력 학술프로그램으로, 한국 공군력의 발전 방향을 모색하고 다가올 항공우주시대의 전략적 비전을 제시함으로써 명실 공히 국내 최고의 권위를 자랑하는 학-군(學-軍) 협력프로그램으로 자리매김하였다.

올해 제18회를 맞아 개최된 연세대학교 항공우주력 국제학술회의는 "창조경제와 항공우주력 건설 — 기회와 도전"이라는 주제로 국내외 항공우주

분야 석학들과 전문가들이 참여하여 심도 깊은 논의의 장을 마련하였다. 특히 본 국제학술회의는 동북아 역내 국가들이 항공우주력의 첨단화를 위해 총체적 노력을 기울이고 있는 현실 속에서 대한민국 항공우주분야의 과거와 현재를 진단하고 미래 한국 공군력의 혁신전략을 수립하는 데 기여하였다. 본 국제학술회의에서 발표된 논문과 좌담회 내용을 발전시켜 그 학술적, 정책적 가치를 고스란히 옮겨 놓은 본 연구총서는 대한민국 항공우주력 건설과 최근 활발히 추진되고 있는 창조경제와의 전략적 연계성에 관한 내용을 충실히 담고 있다.

올해는 광복 70주년이자 제2차 세계대전 종전 70주년을 맞는 뜻 깊은 해이다. 하지만 2015년 현재 한국은 여전히 한반도를 비롯한 동북아의 열강 사이에서 군사적 긴장과 안보 위협이 가중되고 있으며, 특히 역내 국가들은 막대한 국방비를 증가시키는 등 군사경쟁에 사활적인 각축전을 벌이고 있는 현실이다. 이러한 경쟁적인 상황 속에서 항공우주력은 안보 우위를 점할 수 있는 핵심열쇠일 뿐 아니라, 경제성장을 위한 창조경제 실현에 있어서도 중요한 자산이다. 따라서 미래전의 핵심이자 경제성장의 새로운 발판이 될 수 있는 항공우주력 건설은 현 시점에서 한국이 추진해야 할 최우선과제라 할 수 있다. 이에 본 연구총서는 최첨단 군사과학기술 개발 및 무기체계 획득 그리고 민(民)·군(軍) 사이의 전략적 협력 등 항공우주력 발전방향을 제시하고 있어 향후 성공적인 한국의 항공우주력 건설을 위한 지침서가 될 것이라 확신한다.

이렇듯 항공우주력의 건설과 국내 경제성장의 창조적 연계성을 제공해줄 수 있는 종합보고서로서의 본 연구총서는 총 3부로 구성되어 있다. 제1부는 "한국의 방위산업과 세계적 추세"라는 주제하에, 한남대학교 김종하 교수의 "한국의 방위산업과 국제경쟁력: 과거, 현재 그리고 미래," 국방대학교 박영준 교수의 "무기수출금지 3원칙 폐지 이후 일본 방위산업 전망," University of St. Andrews의 Marc R. DeVore 교수의 "Reinventing the Arsenal: Defense-Industrial Adaptation in Small States"가 수록되어 있다. 총 3편의 논문에서는 한국 방위산업이 국제경쟁력을 제고하기 위해 세계 무기시장을 점유하고 방위산업 재편을 주도하고 있는 미국, 유럽 그리고 일본 등 방위산업 분야 강대국은 물론 이스라엘, 스웨덴과 같은 이 분야 중진국들을 사례로 들어 세계적 추세를 비교·분석하고 있다. 그리고 일본의 무기수출 3원칙 등 비군사화 규범하에서 일본 방위산업의 변화를 이끈 요인들과 그 파급력을 조망해봄으로써 한국 방위산업에 미칠 영향력과 변화 가능성 그리고 대안을 모색하고 국내 방위산업의 향후 발전방향을 살펴보는 데 중점을 두었다.

제2부는 "한국의 항공우주력 건설과 창조경제"라는 주제하에, 연세대학교 최종건 교수의 "보라매 사업 현황 분석과 제언: 실패의 의미와 두 가지 경로," 국방과학연구소 이대열 수석연구원의 "보라매 사업과 창조경제, 연관효과는 있는가?" 그리고 과학기술연합대학원대학교 채연석 교수의 "우주산업과 창조경제"가 수록되어 있다. 총 3편의 논문에서는 국책사업으로 한국의 안보와 방위산업계에 지대한 영향을 미칠 수 있는 보라매 사업의 성공을 위한 비판적 제언과 전략적 로드맵을 제안하는 동시에 현 정부의 새로운 성장 동력으로 추진되고 있는 보라매 사업이 창조경제와 어떠한 연관효과를 갖는지 검토하였다. 또한 "우주기술 자립으로 우주강국 실현"이라는 현 정부의 국정과제에 부합한 한국 우주의 현실을 진단하고 우주강국 실현을 위한 이행계획과 기대효과를 전망해봄으로써 우주산업 분야의 국가위상 제고를 위한 발전방향을 모색하였다.

제3부는 "한국공군의 항공우주력 건설: 부채인가, 자산인가?"라는 주제하

에 학술회 당일 제3세션에서 진행된 좌담회 내용이 수록되어 있다. 연세대학교 항공우주력 학술프로그램 공동위원장인 문정인 교수의 사회로 진행된 Round Table 형식의 좌담회는 항공우주 분야 국내외 최고 전문가라 할 수 있는 University of St. Andrews의 Marc R. DeVore 교수, 한서대학교 박상묵 교수, 한국항공우주산업 장성섭 부사장, 연합뉴스 김귀근 기자가 참여하여 한국의 안보전략이자 창조경제의 동력으로써 한국공군의 항공우주력 현주소와 건설 방안을 심도 깊게 논의하였다. 또한 미래 한반도 전략환경에 적극적으로 대처하고, 경제적 파급 효과를 증대시키기 위해 한국공군의 미래상을 그려보는 발전의 장(場)을 마련하였다.

2015년 제18회를 맞은 연세대학교 항공우주력 국제학술회의가 성공적으로 개최되고 본 총서가 발간되기까지 많은 분들의 애정과 공헌이 있었다. 우선 이번 학술회의를 위해 물신양면으로 후원을 해주신 최차규 공군참모총장님을 비롯한 공군 관계자 분들께 진심으로 감사드린다. 특히 이번 국제학술회의가 성공적으로 마칠 수 있도록 많은 협조와 조언을 해주신 공군 연구분석평가단 윤기철 단장과 교리발전처 이한균 처장, 그리고 실무진분들께도 뜨거운 감사 마음을 전한다. 또한 본 학술프로그램의 일원으로 헌신의 노력을 다해 학술회의를 준비해 준 본교 간사진을 비롯한 정치학과 대학원생에게도 감사의 마음을 전한다. 끝으로 본서의 출판은 부성옥 대표와 최선숙 부장을 비롯한 도서출판 오름의 흔쾌한 승낙과 정성으로 가능하였다. 진심으로 감사의 말씀을 드린다.

2015년 8월
문정인 · 김기정

차례

Session 2 한국의 항공우주력 건설과 창조경제

Session 3 종합토론

Session 1

한국의 방위산업과 세계적 추세

한국의 방위산업 국제경쟁력: 과거, 현재 그리고 미래

김종하 | 한남대학교/국방전략대학원

Ⅰ. 서론

미국은 1990년대 초반, 유럽은 90년대 후반부터 방위산업 관련 인력 및 노동력을 감축하고, 첨단 무기체계 연구개발 위험성과 개발비용을 줄이기 위해, 국내·외 방산업체들 간 공동개발 및 공동생산, 그리고 인수합병(M&A)을 유도해 방산업체의 대형화 및 사업영역의 다각화를 추구하고 있다. 이를 통해 초과생산능력과 과도한 경쟁을 줄이고, 핵심적인 사업부문에 더욱 집중해 방위산업의 국제경쟁력을 강화시켜 나가고 있다.[1] 이런 일련의 노력으로 현재 세계 무기시장은 미국과 유럽이 지배하고 있다. 세계 100대 무기

---

1) J. Paul Dunne(with the SIPRI Arms Production Program Staff), "Developments in the Global Arms Industry from the End of the Cold War to the mid-2000s," Richard A. Bitzinger, ed., *The Modern Defense Industry: Political, Economic, and Technological Issues* (Santa Barbara: ABC-CLIO, LLc, 2009), pp.13-37.

생산 업체 중 73개를 점유하고 있으며, 이들의 무기 판매액 비중은 86.7%에 달하고 있다.[2]

현재 미국과 유럽이 주도하는 방위산업 재편의 세계적 추세 속에서 가장 지배적인 섹터는 항공 및 전자부문이다. 그 이유는 현대전 수행을 위한 핵심체계를 연구개발 및 생산하는 첨단 기술산업 분야이기 때문이다. 이는 방산업체의 규모에서 두드러지게 나타나고 있다. 일례로 글로벌 100위권에 속하는 방산업체들 가운데 항공 및 전자 관련 방산업체가 전체의 1/4을 차지하고 있는 것을 들 수 있다.[3] 실제로 항공 및 전자부문은 세계화가 가장 급진전된 분야로 대부분의 방산업체 활동이 이 분야에서 나타나고 있고, 탈냉전 안보구조의 변화를 뒷받침하는 소요에 따른 상당한 규모의 국경을 넘는 M&A도 바로 이 분야에서 주로 이루어지고 있다.

이런 M&A는 무한경쟁에 따른 세계적 방산업체들 간의 자구적 노력에 따른 결과로 후발 방위산업 국가 가운데 하나인 한국의 방위산업에 시사하는 바가 매우 크다. 그 이유는 첨단 무기체계 및 장비를 생산하기 위해 필요한 경제적·기술적·인적 자원의 요구가 과거보다 더 증대되고 있고, 또 무기체계 연구개발(R&D)과 생산과정을 합리화해 세계 방산시장에 성공적으로 침투할 수 있는 경쟁력을 갖추어야 하는 시급함에 처해 있기 때문이다. 최근 (주)한화의 삼성테크윈(삼성탈레스 포함) 방산부문 인수합병(M&A)은 바로 이런 절박함에서 나온 것으로 볼 수 있다.[4] 이는 앞으로 한국 방위산업 발전에 대한 패러다임(paradigm) 전환을 촉구하는 계기로 작용할 가능성이 높을 것이다. 왜냐하면 한국 방위산업의 경우 만성적인 비효율성을 내포하거나, 혹은 경영악화로 도산될 위기에 처해도 방산업체가 자발적으로

---

2) 국방기술품질원, 『2014 세계방산시장연감: I 무기체계 시장전망』(진주: 국방기술품질원, 2014), p.9.

3) SIPRI, *The SIPRI Top 100 Arms Producing and Military Service Companies*, 2013, SIPRI Fact Sheet(December 2014), pp.3-5.

4) "삼성-한화 초대형 빅딜… 화학·방산 4개사 매각·인수(종합)," 『연합뉴스』, 2014년 11월 26일.

시장경제논리에 따라 방산부문을 합리화하는 조치를 취한 경우가 지금까지 없었기 때문이다.

2008년 독·과점 구조의 전문화·계열화제도가 폐지된 이후, 무기체계 분야별로 과당 경쟁 상태를 유지하고 있는 상황에서 나온 방산업체들 간 최초의 자발적 M&A에도 불구하고, 이에 대한 정부차원의 공식적인 논평, 혹은 국내 방위산업 발전에 관한 구체적인 계획이나 정책은 제시되지 않고 있다. 여기에서 말하는 계획, 혹은 정책은 국내 방산업체의 인력 및 생산량 감축, M&A 등과 같은 구조조정뿐만 아니라, 특정 방위산업 분야의 사업을 지속할 것인지, 아니면 세계 방산시장의 큰 구조 속에 하부구조로 참여할 것인지를 결정하는 것까지 포함하는 것이다.

이런 상황에서는 우선 학계차원에서라도 방위산업 재편의 세계적 추세, 그리고 (주)한화의 삼성테크윈 방산부문 M&A를 논의의 시발점으로 해서, 앞으로 국내 방위산업을 어떻게 발전시켜 나가는 것이 바람직한지에 관한 답을 찾기 위한 작업을 시작할 필요가 있는 것이다. 따라서 본 논문은 한국의 방위산업이 어떤 과정을 거쳐서 지금까지 성장·발전해 왔는지, 그리고 앞으로 어떻게 발전시켜 나가는 것이 국제경쟁력을 강화시키는 데 도움이 될 수 있는지를 살펴보는 데 목적이 있다.

II. 한국의 방위산업 발전과정: 과거

한국의 방위산업 발전과정에 대한 분석은 개략적인 수준에서나마 역대 정권이 어떠한 방위산업정책 목표 및 획득방식(직도입·연구개발·기술도입 생산, 성능개량 등) 하에서 방위산업을 발전시켜왔는지, 그리고 그 결과 지금까지 어떤 무기체계를 개발, 생산했는지를 살펴보는 데 있다. 이는 한국 방위산업이 지상·해상·공중 무기체계와 관련해 어느 정도의 능력(경쟁력)

을 갖추고 있는지를 파악하는 데 도움을 줄 것이다.

1. 박정희 정권(1974~1981): 방위산업 기반창출 및 기본무기 국산화

1972년 박정희 정권은 방위산업 정책목표를 '방위산업의 기반창출과 기본무기생산의 국산화'로 정하고, 이를 뒷받침하기 위한 제도적 수단으로 '방위산업에 관한 특별조치법' 및 '방위산업진흥기금'을 제정, 방산업체들에 대한 각종 세제감면 및 금융지원 등의 방위산업 육성 지원정책을 추진하기 시작하였다.

1977년부터 방위산업 정책목표는 '기본적인 재래식 무기체계 및 정밀무기체계를 생산하기 위한 산업기반을 완성하는 것'으로 변하게 되었다.[5] 이를 위해 당시 박정희 정권은 국내 방위산업기반의 질적 향상을 도모하면서, 기본적인 재래식 무기체계를 대량생산할 수 있는 기반을 구축하고자 했다. 그 결과 첨단 정밀무기체계를 제외한 기본적인 재래식 무기체계를 생산할 수 있는 방위산업기반체계는 대략 1981년 무렵에 이르러 거의 완성되어졌다.

1974년에서 1977년 중반까지의 기간 동안 4.2인치 박격포, 60mm/80mm 박격포, 60/80mm 박격포탄, 3.5인치 로켓포탄, 106mm 무반동 소총, M15/19 대전차 지뢰, 수류탄, 지뢰탐지기 등과 같은 기본적인 재래식 무기체계를 개발, 생산하였다. 그리고 1977년 후반기부터 1981년까지 미국의 기술지원과 부품공급을 통해 500MD 헬리콥터, 발칸방공곡사포, 한국형장갑차, 105/155mm 곡사포, 한국형 자동소총, 개량 M-16 소총 등이 생산되었다.

5) 송재, "방위산업 경영기반 강화를 위한 육성정책 방향,"『자주국방과 방위산업』(서울: 한국국방연구원, 1990), p.82.

2. 전두환 정권(1982~1986): 정밀무기체계 제조 방위산업기반 구축

1982년에 등장한 전두환 정권은 방위산업 정책목표를 '정밀무기체계를 발전시킬 수 있는 방위산업기반을 구축' 하는 데 두었다. 이를 위해 기존 재래식 무기체계를 생산하는 방산업체들 간의 중복투자와 과도한 경쟁을 피하기 위한 조치로 1983년 6월 품목당 1개 업체씩 선정하는 독점적 형태의 방위산업 전문화·계열화 지정제도를 마련해 운영하였다. 전두환 정권은 한미 연합군사작전 수행을 위한 무기체계의 '상호 운용성(interoperability)'을 너무 강조하는 획득정책을 수립, 집행하였다. 그런데 이는 무기체계 및 장비 획득 시 직구매, 그리고 조립·면허생산과 같은 기술도입생산방식에 크게 의존하는 결과를 초래하였다. 이 기간 동안 국내 연구개발을 통해 K1 전차, K200 보병수송용 장갑차, 130mm 다련장(구룡), KH179 견인곡사포, LST/LSM(WCS-80), 해군의 고속정(PKM(WCS-86))을 생산하였다. 그리고 기술도입을 통해 K-55 자주포, F-5E/F전투기, 500MD 소형헬기, 초계함(PCC/FF(WSA-423)) 등이 생산되었다.

3. 노태우 정권(1987~1992): 무기체계 국내생산, 토착개발 및 설계

1987년에 등장한 노태우 정권은 방위산업 정책목표를 국방물자의 국내생산기반 구축, 특히 '무기체계의 국내생산과 더불어 토착개발 및 설계를 강조' 하는데 두었다.[6] 이를 위해 방위산업의 계획생산을 유도하면서, 무기체계 및 장비의 국산화를 적극적으로 추진해 나갔다. 특히 1992년 절충교역제도를 신설하고, 1993년에는 전문화 2개, 계열화 1개의 제한된 경쟁체제에 토대를 둔 '방위산업 물자와 방위산업체의 전문화 및 계열화 규정'을 제정하였

---

6) Richard A. Bitzinger, "South Korea's Defense Industry at the Crossroads," *The Korean Journal of Defense Analysis*, Vol.VII, No.1(Summer 1995), p.236.

다.[7] 그러나 절충교역을 통해 더 첨단화된 방산물자 및 국방기술을 확보하는 것을 강조하다보니, 원래 의도와는 달리 무기체계 획득 시 직도입보다 몇 배나 더 많은 비용이 소요되는 기술도입생산방식에 지나치게 치중하는 결과를 초래했다. 이는 새로운 개념의 무기체계나 신기술을 적용한 획기적인 무기체계의 국내 연구개발을 하지 못하도록 막는 주된 요인이 되었다.

4. 김영삼 정권(1993~1997)/김대중 정권(1998~2002): 신형 무기체계의 국내연구개발

1993년에 등장한 김영삼 정권은 방위산업 정책목표를 신형 무기체계를 국내 연구개발하는 데 두었다. 따라서 군의 무기체계 획득 시 가급적 해외도입을 지양하고, 품질과 성능이 다소 떨어지고 가격이 좀 비싸더라도 국산무기를 쓴다는 획득정책의 방향을 설정하였다.[8] 이를 위해 국방연구개발에 대한 중·장기계획 수립과 국방과학기술개발능력 향상을 위해 체계개발 업체의 연구개발을 확대시키고, 국방과학연구소(ADD) 중심의 고도 정밀무기체계의 개발과 이에 필수적인 핵심기술 및 부품을 개발하는 데 노력을 기울였다. 또한 1995년에 '국방과학기술관리 및 이전에 관한 규정'을 제정함으로써 ADD가 독자적으로 개발한 기술의 민수이전을 위한 법적 근거와 절차를 마련하였다.[9] 1998년에 등장한 김대중 정권은 김영삼 정권과 동일한 방위산업 정책목표를 두고, 1999년에 '국방과학기술기획서'를 발간하고 '14개 중점 추진 무기체계 및 21개 핵심기술'을 선정해 전략적 차원에서 집중개발함으로써 신기술, 신개념의 미래 첨단무기 개발능력을 확보하기 위한 기반을 조성하기 위해 노력하였다.[10] 2000년에는 전력획득의 패러다임을 '체계획

---

7) 국방부, 『국방백서 1991~1992』(서울: 국방부, 1991), p.259.
8) 국방부, 『국방백서 1993~1994』(서울: 국방부, 1993), pp.92-93.
9) 국방부, 『국방백서 1997』(서울: 국방부, 1997), p.100.
10) 국방부, 『국방백서 2000』(서울: 국방부, 2000), p.116.

득' 중심에서 '기술축적' 중심으로 전환해 국내 방위산업을 적극적으로 육성하겠다는 정책방향을 제시하기도 하였다.

노태우, 김영삼, 김대중 정권 기간 동안에는 K1 성능개량(K1A1), K200 성능개량(K200A1)사업을 추진하였다. 또 국내 연구개발을 통해 K1 계열 전차, K200계열 장갑차, K-9 자주포, KT-1 기본훈련기 등이 생산되었다. 그리고 기술도입을 통해 KF-16 전투기, UH-60 기동헬기, BO-105 정찰헬기, KDX-I/II(SSCS-MK7), 장보고-I(ISUS-83) 등이 생산되었다.

5. 노무현 정권(2003~2007): 자주국방에 기반한 국내연구개발

2003년에 등장한 노무현 정권은 방위산업 정책목표를 '자주국방에 기반한 국내 연구개발'에 두었다. 이를 위해 무기체계 국외도입 시에 '경쟁의 원칙'을 적용해 나가고, 이를 위해 무기도입선의 다변화 정책을 촉진해 나가면서 절충교역 및 방산수출 등과 연계한 내실 있는 국외도입을 추진해 나갔다.[11] 그리고 2004년 첨단 무기체계를 2006년부터 2020년까지 15년간 독자적인 연구개발을 통해 획득하는 것을 골자로 하는 '국방연구개발정책서'를 발간하였다.[12] 그리고 2006년 1월, 8개 획득관련 조직들(국방부 본부, 합참, 각 군 사업단, 조달본부, 국방품질관리소, 국방과학연구소)이 수행해 오던 9개 분야의 업무(획득정책, 계획·예산, 사업관리, 계약관리, 규격화·목록, 분석평가, 품질보증, 기술관리)를 통폐합하여 새로운 단일 획득조직인 방위사업청을 신설하였다.[13] 또한 '방위사업법'을 제정해 법적인 근거하에 방위사업이 추진될 수 있도록 하였다.

11) 국방부, 『2003 참여정부 국방정책』(서울: 국방부, 2003), p.78.

12) 『국방일보』, 2004년 6월 23일.

13) 김종하, "합리적 국방획득체계 구축을 위한 방안," 『한국국방경영분석학회지』 제35권 제2호(2009), pp.17-18.

6. 이명박 정권(2008~2012): 방위산업의 신경제성장 동력화

2008년에 등장한 이명박 정권은 방위산업의 정책방향을 "국방부문과 민간산업부문의 융합을 통해 국방경영의 효율성 향상과 군 전력증강 및 국방분야의 신성장동력화로 설정하였다.[14] 이를 위해 2009년 1월, 방위산업 '전문화·계열화 제도'를 폐지하고, 국내 방위산업을 완전한 경쟁체제로 전환시켰다. 또한 2009년에는 범정부차원에서 방산수출을 지원하기 위하여 "방위산업물자 교역지원규정"을 제정하였다. 그리고 범국가적 국방산업육성 및 국방수출 지원체계 구축을 위해 국방부 장관·지식경제부 장관 간 "국방산업발전협의회"를 구성·운영하였고, 또 국방연구개발의 선진화를 위해 '민군기술협력단'을 구성하고, 전력소요검증위원회를 통해 소요를 검증하는 제도적 장치를 마련하였다.[15]

노무현 정권 및 이명박 정권 기간 동안, 국내 방위산업은 기술도입생산보다는 국내연구개발을 통한 한국형 독자모델, 그리고 기존 야전에 배치되어 운용중인 무기체계의 성능개량사업을 통해 방위산업 기반체계를 유지, 발전시키는 데 많은 초점을 두었다. 이 기간 동안 성능개량사업으로, K1A1 전차, K-55 자주포, K-9 자주포, FA-50 공격기(개조개발), F-16 전투기, LYNX 헬기 등이 추진되었다. 또 기술도입(직도입)으로 KDX-III(AEGIS), 장보고-II (ISUS-90)가 생산되었다. 그리고 차기전차(흑표), 차기보병전투장갑차, 차륜형장갑차, K-10 탄약운반차, 차기다련장, T-50 고등훈련기, KO-1 저속통제기, KF-X 전투기, KUH 기동헬기, KAH 공격헬기, LPH/PKG 전투체계, 울산-I 전투체계, 장보고-III 전투체계 등이 연구개발 사업으로 추진되었다.

〈표 1〉은 지금까지 논의한 내용을 일목요연하게 다시 정리해 제시한 것이다.

---

14) 미래기획위원회, 『국방선진화를 위한 산업발전전략과 일자리 창출(안)(국방산업 G7 미래전략』, 2010년 10월.

15) 국방부, 『국방산업 선진화 추진현황』, 2011년 1월 17일.

〈표 1〉 한국의 방위산업 발전과정

정권 구분	방위산업 정책목표	무기체계 획득방식(국내 연구개발, 기술도입생산, 성능개량)	
박정희 (1974 ~ 1981)	① 방위산업 기반창출과 기본 무기체계 생산의 국산화 ② 기본적인 재래식 체계 및 정밀무기체계 생산을 위한 산업기반 완성	국내 연구개발	4.2인치 박격포, 60mm/80mm 박격포, 60/80mm 박격포탄, 3.5인치 로켓포탄, 106mm 무반동 소총, M15/19 대전차 지뢰, 수류탄, 지뢰탐지기 등
		기술도입 생산	500MD 헬리콥터, 발칸방공곡사포, 한국형장갑차, 105/155mm 곡사포, 한국형 자동소총, 개량 M-16 소총 등
		성능개량	-
전두환 (1982 ~ 1986)	정밀무기체계 제조 방위산업 기반 구축	국내 연구개발	K1 전차, K200 보병수송용 장갑차, 130mm 다련장(구룡), KH179 견인곡사포, LST/LSM(WCS-80), 해군의 고속정 PKM(WCS-86)
		기술도입 생산	K-55 자주포, F-5E/F전투기, 500MD 소형헬기, 초계함(PCC/FF(WSA-423)) 등
		성능개량	-
노태우 김영삼 김대중 (1987 ~ 2002)	① 무기체계 국내생산, 토착 개발 및 설계 ② 신형 무기 체계의 국내 연구개발	국내 연구개발	K1 계열 전차, K200계열 장갑차, K-9 자주포, KT-1 기본훈련기 등
		기술도입 생산	KF-16 전투기, UH-60 기동헬기, BO-105 정찰헬기, KDX-I/II(SSCS-MK7), 장보고-I(ISUS-83) 등
		성능개량	K1 성능개량(K1A1), K200 성능개량(K200A1)사업
노무현 이명박 (2003 ~ 2012)	① 자주국방에 기반한 국내 연구개발 ② 방위산업의 신경제성장 동력화	국내 연구개발	차기전차(흑표), 차기보병전투장갑차, 차륜형장갑차, K-10 탄약운반차, 차기다련장, T-50 고등훈련기, KO-1 저속통제기, KF-X 전투기, KUH 기동헬기, KAH 공격헬기, LPH/PKG 전투체계, 울산-I 전투체계, 장보고-III 전투체계 등
		기술도입 생산	KDX-III(AEGIS), 장보고-II(ISUS-90)
		성능개량	K1A1 전차, K-55 자주포, K-9 자주포, FA-50 공격기(개조개발), F-16 전투기, LYNX 헬기 등

Ⅲ. 한국의 방위산업 발전과정: 현재

1. 한국 방위산업 현황

〈표 2〉 현재 한국의 대표적인 방산업체와 사업영역

무기체계 분야 (사업영역)		국내 방산업체											
		한화+삼성테크윈(삼성탈레스 포함)	LIG 넥스원	KAI	두산	현대중공업	현대로템	풍산	대우조선	한진중공업	휴니드	STX조선	대한항공
항공기				●									●
함정						●			●	●		●	
기동		●			●		●						
화력탄약		●						●					
유도무기		●	●										
지휘통제		●	●										
통신	서비스(운영)												
	Network(망)	●	●								●		
	단말		●								●		
정보전자	통신 및 항법	●	●										
	전자전	●	●										
	통합항공전자		●										
	레이더	●	●										
	SAR		●										
	광학	●	●										
	화력제어	●	●										
	수중 감시		●										

출처: 각 방산업체 인터넷 홈페이지 무기체계 연구개발 및 생산 현황 소개 자료 정리(2015년)

현재 한국은 탄약에서 정밀유도무기에 이르기까지 광범위한 차원의 재래식 및 첨단 무기체계를 연구개발 및 생산할 수 있는 방위산업 기반체계를 구축해 놓고 있다. 90여 개 정도의 업체가 방산업체(대기업 27개, 중소기업 63개)로 지정되어 있고, 이들이 정부주관(ADD 사업관리), 혹은 업체주관(방위사업청 사업관리) 연구개발 및 생산 활동에 참여하고 있다. 〈표 2〉는 한국의 대표적인 방산업체들과 그 사업영역을 보여주고 있다.

그리고 〈그림 1〉에서 보듯이, 2013년 기준으로 한국의 방위산업 생산액은 11조 4천억 원 정도이다. 이는 세계 방위산업 총생산액(5,000억 달러 수준)의 2.2% 정도로 세계 10위권 수준이다. 그리고 방산수출은 세계 13위

〈그림 1〉 한국 방위산업 현황 및 국제경쟁력 수준

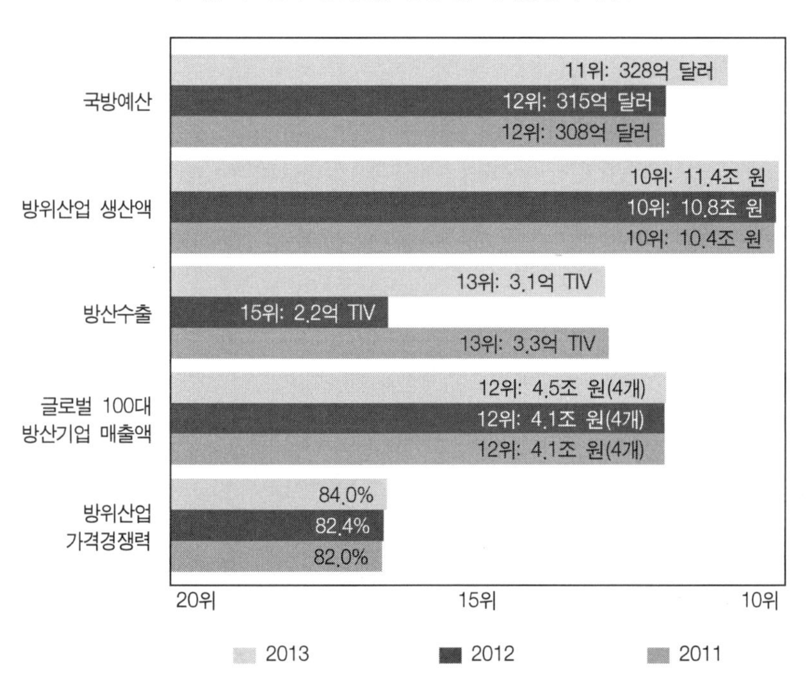

출처: 산업연구원, 『2014 KIET 방위산업 통계 및 경쟁력 백서』(세종: 산업연구원, 2014), p.38
주해: TIV는 Trend Indicator Value의 약자로 국제무기거래량을 금액으로 환산한 단위를 말한다

수준을 유지하고 있고, 세계 방산 100대 기업에는 현재 4개 업체—KAI, LIG 넥스원, 삼성테크윈, 한화—가 들어가 있다. 그런데 방위산업 생산액, 방산수출, 매출액, 방산가격 경쟁력 등의 항목에서 세계 10~13위권에 머물 정도의 외형적 성장에도 불구하고, 내부적으로는 타 산업에 비해 내수 의존도가 지나치게 높고(평균 95%), 낮은 기술력, 높은 제조원가와 낮은 생산성, 그리고 저조한 가동률에서 벗어나지 못하고 있는 상태에 있다.[16]

2. 방위산업 발전단계와 한국 방위산업 수준

일반적으로 방위산업은 선진방산국가와 후발방산국가별, 그리고 사례별로 발전해 나가는 수준에 있어 많은 차이가 있다.[17] 그 이유는 그것이 단순히 경제규모에서 오는 차이라기보다, 정부의 자원조달 능력과 산업발전전략(국자의 총체적인 과학기술능력)이 국가별로 다양하기 때문이다. 그럼에도 불구하고 방위산업 발전분야를 연구하고 있는 학자들은 후발 방산국가들—한국, 대만, 브라질 등—의 경우, 통상적으로 5단계,[18] 8단계,[19] 11단계[20] 등을 거쳐서 단계적으로 방위산업이 발전하는 것으로 분석하고 있다. 이들

16) 안영수·장원준·김정호·김창모·조은정, 『방위산업의 글로벌 환경변화와 경쟁력 평가』(서울: 산업연구원, 2011), pp.26-36.

17) D. Kenneth Boutin, "Emerging Defense Industries: Prospects and Implications," Richard A. Bitzinger, ed., *The Modern Defense Industry: Political, Economic, and Technological Issues* (2012), p.237.

18) James Everett Kata, *Arms Production in Developing Countries* (Lexington, MA: Lexington Books, 1984), p.9.

19) Janne E, Nolan, *Military Industry in Taiwan and South Korea* (New York: St. Martin's Press, 1986), pp.45-46; Michael J. Green, *Arming Japan: Defense Production, Alliance Politics, and the Postwar Search for Autonomy* (New York: Columbia University Press, 1995), p.15.

20) Keith Krause, *Arms and the State: Patters of Military Production and Trade* (Cambridge: Cambridge University Press, 1992), p.170.

의 연구결과를 종합해 보면, 후발 방산국가들은 통상적으로 다음과 같은 단계를 거쳐 발전하게 된다.

첫째, 해외로부터 무기체계를 수입하는 단계
둘째, 수입된 무기체계에 대한 간단한 정비, 분해수리 및 기본적인 개조를 수행하는 단계
셋째, 수입된 부품에 의한 조립단계
넷째, 제한된 부품의 국내생산과 간단한 면허생산 단계
다섯째, 핵심부품을 수입하여 생산하는 제한된 면허생산 단계
여섯째, 면허생산된 무기체계를 개량하기 위한 제한된 연구개발 능력보유 단계
일곱째, 재래식 무기체계의 독자적 연구개발 및 생산이 가능한 단계
여덟째, 첨단 무기체계(복합무기체계 포함)의 제한된 연구개발과 생산이 가능한 단계
아홉째, 첨단 무기체계(복합무기체계 포함)의 완전한 독자적 연구개발과 생산이 가능한 단계[21)]

한국의 경우 앞에서 고찰한 역대정권의 방위산업 발전과정에서 보듯이 1970년대 방위산업을 시작한 대부분의 후발 방위산업 국가들처럼 해외로부터 무기체계를 수입하는 단계(첫째)에서 면허생산된 무기체계를 개량하기 위한 제한된 연구개발 능력보유 단계(여섯째)까지는 큰 난관 없이 도달한 것 같다. 그러나 재래식 무기체계의 독자적 연구개발 및 생산단계(일곱째)까지 도달하는 데는 다소 많은 시간이 소요되었다. 일례로 1974년 율곡사업부터 현재에 이르기까지 거의 40여 년 이상이 걸렸다. 그런데 첨단 무기체계의 제한된 연구개발과 생산이 가능한 단계(여덟째)에는 아직까지 완전히

21) 김종하, "한국 방위산업의 연구개발수행력에 따른 구조혁신의 방향," 『한국방위산업학회지』 제17권 제2호(2010년 12월), p.158.

〈그림 2〉 무기체계 분야별 기술수준

감시정찰	78
지휘통제	81
기동	83
함정	82
항공우주	76
화력	82
방호	80
기타	78

50 60 70 80 90 100

※ 70~80%: 보통(중진권)
80~90%: 우수(선진권)

출처: 국방부, 『2014~2028 국방과학기술진흥정책서』(서울: 전력정책관실, 2014), p.17

진입하지 못하고 있다. 물론 지상·해상·공중 무기체계 분야별로 세분화해서 볼 경우, 여덟째 단계에 진입한 것도 있다. K9 자주포, XK-2 전차, 혜성 대함미사일 등을 들 수 있다.

사실 한국 방위산업의 경우 일반 재래식 무기체계 분야 가운데 지상 무기체계 분야는 국제경쟁력을 어느 정도 갖춘 것으로 평가받고 있다. 그러나 〈그림 2〉에서 보듯이 현대전 및 미래전 수행에 요구되는 항공, 감시정찰, 방호 등과 같은 첨단 기술 분야는 선진국에 비해 다소 뒤떨어져 있는 상태에 있다. 이 때문에 "국제기술협력·도입실적이 수적으로 감시정찰과 방호 분야가 많고, 이로 인해 관련 분야의 국내 독자 기술력 향상이 필요한 것으로 조사되고 있다."[22] 그리고 국내에서 자체 연구개발해 생산하고 있는 해상 및 공중 무기체계의 경우에도 설계(design), 시스템 엔지니어링(system engineering), 그리고 핵심기술(예: 소음, 진동 등과 같은 특수성능) 및 부

22) 김성영, "국방핵심기술 성과분석 및 발전방향," 『기술로 품질로』, Vol.34, 2015년 봄호, p.31.

품 등에서 상당 부분 방산 선진국들로부터의 기술이전 및 수입에 의존하고 있는 실정에 있다.

앞으로 한국이 방위산업의 국제적 위계질서 속에서 중상위층국가(예: 일본, 이스라엘, 스웨덴 등) 정도로 인정받기 위해서는 최소한 첨단 무기체계(예: 해상 및 공중 무기체계)에 대한 독자개발 능력을 보유하고 있고, 또 대부분의 부품과 기술은 국내에서 공급이 가능하고, 일부 핵심기술과 부품은 해외에서 도입하는 수준(여덟째 단계)까지는 도달해야 한다. 그래야 미국, 영국, 프랑스, 독일, 이탈리아 등의 방산 선진국들과 국제협력—합작투자, 공동연구개발 및 생산—을 추진하고, 또 국내에서 개발 생산된 무기체계 및 장비를 해외에 대량으로 수출할 수 있을 정도의 국제경쟁력을 갖추는 것이 가능하게 될 것이다.

그러나 현 시점에서 볼 때, 여덟째 단계에 진입하는 데는 다소 많은 시간이 걸릴 것으로 보인다. 그 이유는 주요 핵심기술, 구성품 및 부품을 제작하는 중소기업의 하부공급기반체계가 상당히 취약한 상태에 있기 때문이다. 1974~2000년 동안 이루어진 한국군의 무기체계 획득건수 가운데 전체 평균 79%가 해외 직도입이었다.[23] 그리고 전차와 장갑차, 전투함정, 항공기를 비롯한 각 군 주력무기체계 부품들 가운데 수입품의 비중이 평균 50% 이상에 달하고 있다.[24] 이 비율은 현재도 크게 줄어들지 않고 있다. 이처럼 주요 핵심기술, 구성품 및 부품의 해외 의존도가 높기 때문에 무기체계 성능개량도 어렵고, 또 독자수출도 쉽지 않은 것이다.[25]

---

23) 각 분야별로 살펴보면, 정보수집 및 전자전 관련 장비의 88%, C4I 84%, 육군의 화력 및 기동 76%, 군함 37%, 항공기 97%, 유도무기 89%, 대량살상무기 방호 37%가 해외 직도입을 통해 확보되었다. 백제옥·박주현·임길섭, 『'05 국방예산 분석·평가 및 '08 전망』(서울: 한국국방연구원, 2005), p.85.

24) 각 군의 주요 무기체계 및 장비 수리를 위한 부품 조달 예산은 육군은 23%, 해군의 경우 65%, 공군이 무려 87%가 수입에 의존하고 있는 것으로 나타났다. 안보경영연구원, "建軍 60년의 韓國軍, 精銳化 先進化를 위한 國防經營革新," 『SMI 이슈 & 리포터』 제35호, 2008년 6월 15일.

25) 후발 방위산업국가들의 방산수출 확대는 잠재적 수출시장을 잠식한다는 우려를 갖고

IV. 한국 방위산업의 미래

이런 상황에서 한국 방위산업이 국제경쟁력을 갖춘 것으로 평가받는 여덟째 단계에 진입하기 위해서 앞으로 어떤 정책적 노력을 기울여 나가야 하는가? 핵심은 정부의 획득정책 및 방산정책의 일관성, 그리고 국방연구개발 자금 흐름의 안정성을 유지해야 한다. 그리고 국내·외 방산업체들 간 합작투자, 공동연구개발 및 생산 확대를 통한 다양한 해외생산기지 확보전략을 추진해 나가면서, 동시에 중·장기적 차원에서 국내 방산업체의 구조조정을 착실히 진행시켜 나가는 것이다. 이를 좀 더 구체적으로 살펴보면 다음과 같다.

1. 획득정책 및 방산정책의 일관성, 그리고 국방연구개발 자금흐름의 안정성 유지

통상적으로 정부는 방위산업의 규모, 구조, 진입과 퇴출, 가격과 이윤, 효율성, 소유권 등에 직접적인 영향을 끼칠 수 있는 존재다.[26] 한국의 경우에도 정부는 획득 및 방산정책을 통해 방위산업의 규모 및 구조에 직접적인

미국과 같은 방산 선진국들은 핵심기술의 해외이전을 주로 통제하고 있다. 미정부간 거래는 '무기수출규제법(AECA)'/'해외원조법(FAA)', 상업적 거래는 '국제무기거래규정(ITAR)'에 근거해 통제하고 있다. 이에 대한 자세한 내용은, David S. Sorenson, *The Process and Politics of Defense Acquisition: A Reference Handbook* (Praeger Security International, 2009), pp.126-141; Kenneth J. Allen, "An Overview of the United States' Control of Arms Exports," Elisabeth Wright, eds., *Defense Acquisition Management: A Reader* (New York: iUniverse, Inc, 2010), pp.239-259.

26) J. Paul Dunne, "The Defense Industrial Base," Keith Hartley and Todd Sandler eds, *Handbook of Defense Economics* (Amsterdam: Elsevier Science B.V., 1995), p.406.

영향력을 행사하고 있고, 또 획득방식 — 해외 직도입 및 국내 연구개발 — 과 획득비용을 결정·통제할 수 있는 힘을 갖고 있다.[27] 이런 점에서 정부의 획득 및 방산정책은 방산업체의 생존 그 자체뿐만 아니라, 방위산업의 활성화와 비활성화를 결정할 수 있을 정도까지 영향을 끼칠 수 있는 요인으로 작용하는 것이다.

그런데 한국과 같은 후발 방산국가의 방위산업은 "안보위협에 의해서도 활성화 될 수 있지만, 이를 산업으로서 발전시키기 위해서는 경제적 차원에서 동기부여를 할 수 있는 정책적 대응이 필요하다."[28] 정부가 행사할 수 있는 가장 확실한 동기부여는 획득 및 방산정책의 일관성이고,[29] 이를 경제적인 차원에서 가장 상징적으로 잘 보여주는 것이 바로 국방연구개발 자금흐름의 안정성이다. 한국의 경우, 이미 결정된 획득사업이 자주 번복되는 경우가 많고, 또 소요창출 시 책정된 사업비를 방위사업청이 20~30% 정도 낮은 예정가로 책정하는 사례가 빈번하게 발생하고 있다.[30] 이는 방산업체가 연구개발 사업을 안정적으로 수행하는 것을 어렵게 만드는 요인으로 작용하고 있다.

따라서 국방연구개발 자금흐름의 안정성을 확고하게 유지하기 위해서는 국가연구개발과 국방연구개발을 통합한 범정부적 차원의 투자재원 마련과

---

27) 김종하, 『국방획득과 방위산업: 이론과 실제』(성남: 북코리아, 2015), p.324.

28) 지일용·이상현, "방위산업 후발국의 추격과 발전패턴: 한국과 이스라엘의 사례연구," 『국방정책연구』 제31권 제1호, 2015년 봄(통권 제107호), pp.164-166.

29) 획득 및 방산정책의 일관성을 무너뜨리는 원인가운데 하나로 작용하는 것이 바로 군의 빈번한 긴급전력 획득이다. 사실 군의 긴급전력 획득은 예상치 못한 특별한 위기상황의 경우를 제외하고는 허용해서는 안 되는 것이다. 왜냐하면 긴급전력은 그 본질상 국내 연구개발보다는 해외로부터 무기체계 및 장비를 직도입하게 만들기 때문이다. 이는 국방예산의 효율적 사용은 물론, 국내 방위산업발전에도 전혀 도움이 되지 않는다. 사실 군이 전쟁에 대비한 군사력 건설의 전문가라면 긴급전력 자체가 없어야 정상적이다. 그것을 빈번하게 필요로 한다는 것은 미래 위협에 대한 분석을 제대로 하지 못했음을 자인하는 것이나 다름이 없는 것이다. 김종하, "'무기중개' 양성화 대책도 절실하다," 『문화일보』, 2015년 3월 16일.

30) 김종대, "무기도입 예산 70조원이 증발한 사연," 『디펜스 21』, 2015년 6월, p.104.

추진체계를 정립하는 것이 필요하다. 그런데 이것을 당장 추진하는 것이 어렵다면, 지금처럼 국방예산을 활용한 연구개발 투자를 지속하되, 국방기술개발비를 방위력개선비와 분리시키고, 국방예산 구조에 '국방기술개발 부문'을 신설해 운영하는 것이 바람직하다. 이는 방산업체들이 중·장기적 차원에서 무기체계를 안정적으로 연구개발 및 생산하는 데 큰 도움이 될 것이다.

2. 합작투자, 공동연구개발 및 생산 확대를 통한 해외생산기지 확보 전략 추진

무기체계 획득비용이 천문학적으로 증가하는 상황에서 한 국가가 독자적으로 모든 무기체계 분야의 연구개발 및 생산기반체계를 확보하는 것은 현실적으로 불가능하다. 이 때문에 방산 선진국들은 정부차원에서 각종 연구개발 사업을 추진할 시, "전략·비닉기술을 제외한 시장성 높은 제품은 기업주도로 개발하도록 유도하고 있고,"[31] 동시에 개별 방산업체가 보유한 기술적 전문성을 토대로 국내·외 방산업체들 간의 '협력개발'을 추진하도록 적극 유도하고 있다.

'전략적 연합'으로도 불리는 협력개발은 방산업체들 간의 공동연구개발, 공동구매, 공동생산·판매로 효율성을 강화하고, 또 시너지 창출을 유도하기 위한 목적으로 주로 행해지고 있다.[32] 그런데 기술협력은 "어떤 국가의 군사능력에 밀접하게 연결된 가장 민감한 국가안보 영역가운데 하나이기 때문에,"[33] 그것을 추진하는 것이 그리 쉬운 일은 아니다. 하지만 잠재적 수출시

---

31) 장원준, "우리나라 방위산업 현황과 발전과제," KIET 전력소요검증 경제성 분석 세미나 발표논문(PPT 자료), 2013년 6월 27일, p.23.

32) 김종하, "방위산업 선진화하려면 '전략적 연합' 권장해야," 『조선일보』, 2011년 5월 18일.

33) Ralph M. H. Clermont, "Debate: European Defence Collaboration vs. National Interests," *Defence iQ*, pp.16-17, April 2013.

장을 개척·확보하고, "R&D 비용과 위험을 공유함으로써" 투자의 효율화를 이루는 데 그 어떤 방법보다도 도움이 되는 방식이다.[34]

앞으로 미국 및 유럽 방산업체들의 경쟁력 우위에 대처하기 위해서는 한국 방산업체들도 국내·외 방산업체들 간의 기술협력—공동연구개발 및 공동생산—을 적극 추진해 나가야 하고, 이를 통해 초과생산능력과 과도한 경쟁을 줄여나가고, 핵심적인 사업부문에 더욱 집중해 기술경쟁력을 강화시켜 나가야 한다. 그렇다면 어떻게 추진해 나가는 것이 가장 효과적인 결과를 산출할 수 있겠는가? 국외 기술협력의 경우에는 한국 방산 대기업이 전체 시스템을 설계하고 한국과 다른 국가의 중소·중견기업 등이 구성품 및 부품 등을 개발하는 분야, 혹은 한국의 방산 대기업이 한국과 다른 국가의 중소·중견기업 등 타 주체와 연계해 공동으로 기술개발을 추진할 수 있는 분야 등에 초점을 둔 기술협력전략을 추진해 나가는 것이 바람직하다. 이유는 상호간에 위험 부담을 최소화할 수 있고, 또 이런 경험 축적을 통해 나중에 대규모 자금 투입이 필요하고 위험 부담이 큰 미래형 군사기술 개발분야에까지 자신감을 가지고 국제협력을 추진해갈 수 있기 때문이다.

특히 국내 방산업체가 보다 적극적으로 수출시장을 개척하고 부족한 기술을 외국으로부터 확보하기 위해서는 국외 선진기술 보유업체를 인수하거나, 아니면 합작투자를 통해 공동법인을 설립해 미국을 비롯한 방산 선진국들의 획득 및 조달사업에 참여하도록 노력할 필요도 있다. 일례로 영국은 미국의 중소방산업체들을 인수해 미국조달시장에 적극 참여하고 있다. "BAE Systems, Smith Group, PLC, 그리고 QinetiQ는 미국업체 총 15개를 인수해 미정부가 해외 방산업체들에게 부여하는 계약가운데 86%를 2007년에 획득했고, 2008년에는 90%까지 확보"했던 것을 들 수 있다.[35] 이런 전

34) Richard A. Bitzinger, "Globalization in the Post-Cold War Defense Industry: Challenges & Opportunities," Ann R. Markusen and Sean S. Costigan, eds., *Arming the Future: A Defense Industry for the 21st Century* (New York: Council on Foreign Relations Press, 1999), p.309.

35) Parmy Olson, "BAE Marches into the U.S. with Armor," *Forbes*, July 5, 2007;

략은 해외 방산업체의 노하우 기술을 습득할 수 있는 기회를 만들기 때문에, 국내 방위산업의 기술경쟁력을 높이는 데 크게 도움이 된다.

이와 더불어 방위산업기반체계가 다소 취약한 국가들, 특히 지상군 중심의 군 구조 및 재래식 무기체계 수요를 많이 가지고 있는 중동, 동남아시아 국가들에 대해서는 중·장기적으로 선투자(예: 기술교육, 교환 과학자 등)를 통해 한국 방산기술에 대한 선호도를 고양해 나가고, 동시에 이들과도 무기체계 공동개발 및 생산, 기술이전을 통한 '합작투자' 등의 다양한 해외생산기지 확보전략을 추진해 나갈 필요가 있다. 이는 국내 방위산업기반체계를 중·장기적인 차원에서 안정적으로 유지, 발전시켜 나가는 데 있어 대단히 중요한 요인으로 작용하게 될 것이다.

3. 방위산업 구조조정 추진과 TLCSM 및 PBL에 입각한 획득 및 방위산업 관리

미국 및 유럽의 방위산업은 1990년대 초반부터 구조조정(M&A 포함)을 통한 규모의 대형화를 추구해 왔고, 〈표 3〉에서 보듯이 규모면에서 대형화된 업체가 지상·해상·공중에 걸친 사업영역의 다각화에까지 추구해왔다.

그리고 이런 다각화를 통해 얻은 기술능력을 기반으로 방산업체 중심의 연구개발 및 사업관리를 수행하고 있다. 이 과정에서 단순한 체계통합자에서 탈피, 복합체계통합자로서의 능력을 갖춘 주체계통합자(LSIs)/임무체계통합자(MSIs)ㅡ군과 플랫폼의 구별이 없는 소요에 따른 복합체계 능력을 제공할 수 있는 초대형화된 방산업체ㅡ로의 역할 전환까지 시도하고 있는 추세에 있다.[36] 주체계통합업체, 혹은 임무체계통합업체가 개발-생산-군수

Guy Anderson, "BAE Systems moves into Top Five of US DoD Suppliers for 2008," *Jane's Defense Industry*, February 11, 2009.

36) 주체계통합업체는 규모가 대단히 큰 복합체계(system-of-systems) 획득 프로그램을 실행하기 위해 정부와 사업계약을 맺어 활동하는 대형방산업체를 의미한다. LSIs는

〈표 3〉 해외 주요방산업체들의 다양한 사업영역

구분		Lockheed Martin	Boeing	BAE Systems	Thales	Finmeccanica
완제시스템(Platform)	항공기	●	●	●		●
	함정	●	●	●		
	지상장비			●		
체계종합(전투시스템, 완제기 성능개량 등)		●	●	●	●	●
유도무기		●	●	●	●	●
정비사업		●	●	●	●	●
항전장비	통신 및 항법장비		●	●	●	●
	데이터 프로세싱	●	●		●	
	디스플레이장비		●	●	●	
	전자전장비	●	●	●	●	
	통합항공전자장비	●	●	●	●	
	레이더 및 센서	●	●	●	●	●
	화력제어 및 표적획득 시스템	●	●	●	●	
Network 사업		●	●	●	●	

출처: 각 방산업체 인터넷 홈페이지 무기체계 연구개발 및 생산 현황 소개 자료 정리(2015년)

두 가지 유형이 있다. 그 가운데 하나는 주요 시스템 및 하위시스템의 상당한 부분을 수행하면서 복합체계(SoS)능력을 제공하는, 소위 '시스템 책임을 지닌(With System Responsibility)' LSIs가 있고, 주요 체계를 개발하는데 있어 원래 정부가 수행하는 기능을 대행해 사업관리를 수행하는 소위, '시스템 책임이 없는(Without System Responsibility)' LSI가 있다. Valerie Bailey Grasso, "Defense Acquisition: Use of Lead System Integrators(LSIs) — Background, Oversight Issues, and Options for Congress," *CRS Report for Congress* (August 20, 2008); 영국 BAE 및 Boeing은 현재까지 시스템 책임을 지닌 LSIs 역할을 수행하고 있다.

〈그림 3〉 한국 방위산업기반체계

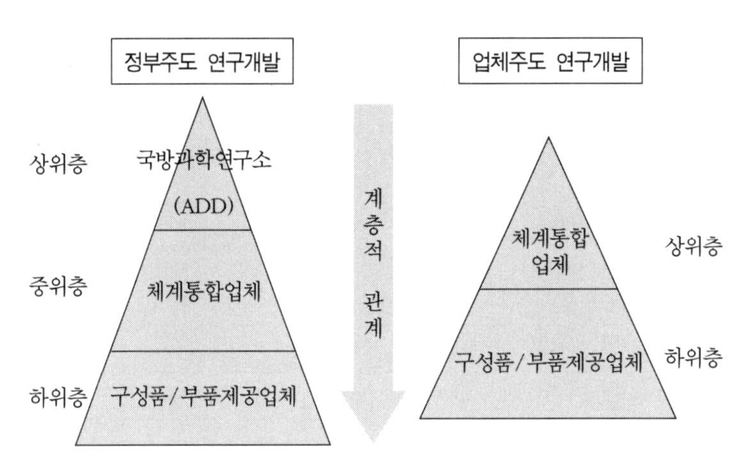

지원(운영지원) 등 무기체계 및 복합무기체계의 총수명주기체계관리(TLCSM)를 담당, 규모의 경제확보와 수출 경쟁력 제고를 도모하고 있다.[37)]

반면 한국 방위산업은 〈그림 3〉에서 보듯이 정부주도 연구개발은 ADD 주관으로, 업체주도 연구개발은 방산업체 주관으로 수행하고 있고, 이 중 정부주관 연구개발이 업체주관 연구개발보다 훨씬 더 많은 비중을 차지하고 있다. 그리고 육·해·공군에 구체적인 플랫폼 개발에 초점을 둔 체계통합업체와 구성품·부품 제공업체로 구성된 전통적인 방위산업기반체계를 그대로 유지하고 있다.

그리고 무기체계 및 복합무기체계의 TLCSM의 관점에서 先기술개발, 後체계개발에 초점을 두기 보다는 대부분 체계개발 위주의 연구개발 및 생산구조 체제를 유지하고 있다. 특히 "기술개발의 경우 도전적·창의적 원천기술 개발은 미흡하고, 방산 선진국 추격형 부품국산화 위주의 기술개발을 주로 수행하고 있다."[38)] 이로 인해 앞에서도 지적한 것처럼 재래식 무기체계

---

37) 김종하, "방위산업 재편의 세계적 추세와 한국방위산업의 글로벌화 구상," 『한국방위산업학회지』 제15권 제2호(2008년 12월), pp.4-12.

를 제외한 첨단 무기체계, 핵심기술 및 부품소재 분야에서 특별히 국제경쟁력을 갖춘 기술 분야가 부족한 것이다. 이러한 이유 때문에 방위산업 구조조정이 필요한 것이고, 또 이를 자연스럽게 추진해 나가는 데 도움이 되는 다음과 같은 정책적 조치들을 실행해 나갈 필요가 있는 것이다.

1) 개념에 입각한 소요창출 및 획득정책 추진

군의 '교리(doctrine)'가 현 시점에서 어떻게 싸울 것인가에 대한 답을 제시하는 것이라면, '개념(concept)'은 미래에 어떻게 싸울 것인가에 대한 답을 제시하는 것이다. 만약 교리에 토대를 두고 소요창출 및 획득을 추진하게 된다면, 현재 야전에 배치되어 운영 중인 무기체계에 대한 수요는 앞으로도 많이 있을 것이다. 수명주기로 인한 교체대상 무기체계, 그리고 운영유지 및 수리부속비용까지 고려한다면 그 규모가 대단히 클 것이다. 반면 개념에 토대를 두고 소요창출 및 획득을 추진할 경우 교체대상 무기체계 상당수는 획득규모가 축소되거나 아니면 사업자체가 사라지게 될 것이다. 이렇게 될 경우 이런 무기체계들을 생산하는 업체들은 군 소요 감소에 따라 인력 및 생산량 감축을 단행하거나, 아니면 유사업체들끼리 M&A하는 방향으로 갈 수 밖에 없을 것이다. 특히 개념에 토대를 둔 소요창출 및 획득을 추진해 나갈 경우, 미래형 무기체계(예: 무인, 스텔스 등), C4I체계, 복합무기체계(ISR+C4I+PGMs)에 대한 수요는 대폭 증가하게 될 것이다. 이렇게 될 경우, 이런 분야들에 관련된 기술력을 보유한 업체들은 많은 혜택을 보게 될 것이고, 또 이에 관련된 기술을 가진 새로운 업체들이 대거 방산시장에 참여하게 됨으로써 지금과 다른 형태의 새로운 방위산업기반체계를 구축할 수도 있게 될 것이다.

간단히 말해 소요창출 및 획득의 우선순위를 어디에 두느냐 — 교리, 혹은 개념 — 에 따라 국내 방위산업기반체계도 그런 방향으로 움직일 수밖에 없

38) 국방과학연구소, 『ADD 역할 재정립을 위한 추진전략』(내부 보고서), 2011년 3월 29일, p.3.

는 것이다. 현대전 및 미래전 추세에 대처하기 위해서는 교리가 아닌, 개념에 따른 소요창출 및 획득정책을 추진하는 방향으로, 그리고 이를 뒷받침하는데 필요한 방위산업기반체계를 구축하는 방향으로 나가는 것이 바람직하다. 왜냐하면 이것이 국제경쟁력 강화는 물론, 시장경제 논리에 의한 국내 방산업체들 간의 자율적 M&A를 추진해 나가는 데도 더 도움이 되기 때문이다.

2) 종합방산업체 구축

앞으로 한국도 방산 선진국들의 방위산업기반체계처럼, 지상·해상·공중, 그리고 육·해·공군 등과 같은 기능이나 군 분류에 상관없이 '네트워크 중심전(NCW)' 작전효과의 소요에 요구되는 복합무기체계 및 관련기술을 개발, 생산하고 운영유지까지 차질 없이 수행할 수 있는 1~2개 정도의 종합방산업체(주체계통합업체)를 만들 필요가 있다. 이런 종합방산업체가 있어야 복합 무기체계 연구개발 시, 총체적인 연구·기술·사업관리, 그리고 국방부에서 추진하고 있는 종합군수지원 발전—운영유지 및 후속개발(성능개량)—을 비용-효과적으로 잘 할 수 있는 능력을 갖게 될 것이다.[39]

한국의 방위산업 현실에서 볼 때, 선진국형 종합방산업체는 중·장기적 차원에서 두 가지 방법으로 만들어낼 수 있다. 그 가운데 하나는 IT분야를 통합해 종합방산업체(예: 프랑스 탈레스와 유사한 종합전자방산업체)를 만들고, 플랫폼 및 인프라 분야는 체계업체로 특화시켜나가는 방법이다. 그리고 또 다른 하나는 수출을 위한 글로벌 경쟁력 확보차원에서 기존 체계업체들 간의 통합을 유도하는 것이다. 즉 시너지 창출이 가능한 유사 무기체계 분야를 통합해 미국 및 유럽의 대형화된 방산업체와 대등한 경쟁력을 확보해 나가면서 서서히 그런 업체들을 종합방산업체로 키워나가는 것이다.

그런데 후자의 방법보다는 IT분야를 통합해 종합방산업체를 만드는 것이 NCW기반의 미래 전장환경에 더 적합한 방위산업기반체계를 구축할 수 있

---

39) 국방부 군수관리관실, 『종합군수지원 발전방향』(서울: 국방부 군수관리관실, 2009).

〈표 4〉 2010~2013년 세계 5대 무기 생산업체의 주요 M&A 현황

업체명	국가	협력 계약 건수	M&A	투자 회수	주요 분야
Lockheed Martin	미국	36	7	3	항공우주, C4ISR, 무기와 탄약, 엔지니어링, 사이버 보안
Boeing	미국	26	9	자료 없음	항공기, 항전장비, C4ISR
BAE Systems	영국	35	8	9	항공기, 지상무기체계, 무기와 탄약, IT
General Dynamics	미국	16	12	1	IT, C4ISR, 무기와 탄약, 사이버 보안
Raytheon	미국	17	11	자료 없음	IT, C4ISR, 엔지니어링

출처: 국방기술품질원, 『2014 세계 방산시장 연감: I 무기체계 시장전망』, p.12

을 것이다.[40] 특히 이 방법은 규모의 경제를 통한 국제경쟁력을 강화하고, 전략무기분야의 기술을 발전시켜 나가는 데 있어 더 효과적이고, 또 중소·민간업체와의 협력을 강화해나가는 데도 장점을 가지고 있다. 이런 IT기술에 대한 강조는 〈표 4〉에서 보듯이 세계 5대 무기 생산업체의 최근 기업 협력 및 인수합병(M&A) 현황을 보더라도 잘 알 수 있다.

이를 보다 구체적으로 설명하면 〈그림 4〉에서 보듯이 유도무기, 화약 및 포탄과 같은 분야는 한반도에서 발생 가능한 남북한 간의 전면전 상황(최악의 상황)에 대비해 국가차원에서 유지·발전시켜 나가고, 그 외의 분야는 기업차원에서 발전시켜 나간다는 원칙하에, 민간의 기술 선도분야인 통신·지휘통제 분야 네트워크와 기간망 보유 주력업체인 KT 또는 SKT와의 컨소

40) 향후 각 군, 합참, 방위사업청 등이 美육군의 여단급 미래전투체계(FCS)처럼 다양한 지상 및 공중 플랫폼을 패키지화해 획득하는 방안을 고려하게 될 경우, 다양한 개별 플랫폼을 제작, 생산하는 단일 업체 모두를 대상으로 계약을 맺고 사업을 관리해 나가는 것보다, 1개 종합방산업체와 계약을 맺고, 패키지화된 사업을 대행해 수행토록 하는 것이 훨씬 더 효율적·효과적인 결과를 산출할 가능성이 높을 것이다.

〈그림 4〉 미래 한국형 종합방산업체 + 전문체계업체 모델

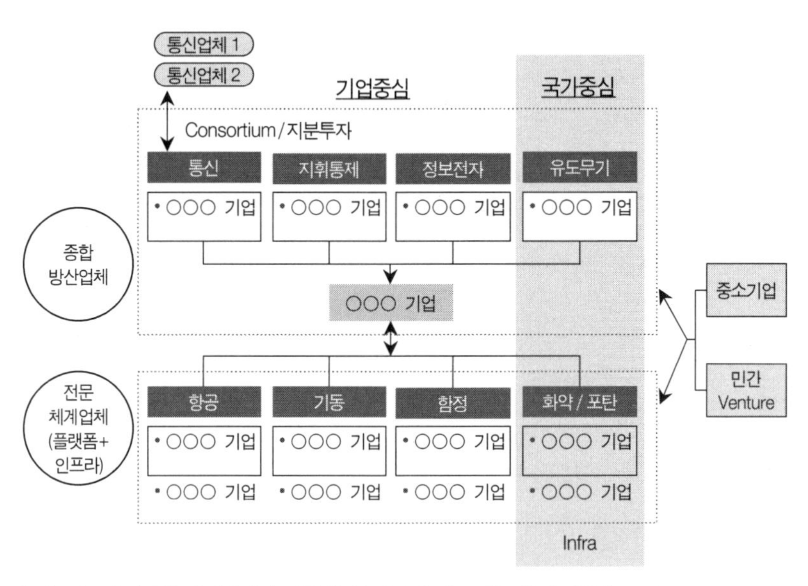

출처: 김종하, "한국 방위산업의 연구개발수행력에 따른 구조혁신 방향," p.168

시엄을 통해서, 현재 한국 방산업체의 부족 부분을 보완해가면서 〈종합방산업체 + 전문업체〉 형태의 방위산업기반체계를 구축하는 것이다. 이는 미국 및 유럽의 방산 선진국들과 유사한 방위산업기반체계를 국내에 갖추는 것이고, 이렇게 되어야 방산 선진국들과의 공동연구개발 및 생산, 협력수출 등과 같은 업무를 수행하는 것이 실질적으로 가능하게 된다.

이런 식으로 종합방산업체를 만들어 나가고 수출을 위한 국제경쟁력 확보차원에서, 전문체계업체들은 시너지 창출이 가능한 유사 무기체계 분야를 통합해 규모를 키우는 쪽으로 구조조정을 유도해 나가는 것이다. 일례로 전문화업체들 가운데 함정, 장갑차, 광학, 화생방 등 경쟁업체가 다소 많은 부문부터 획득정책을 통해 자연스럽게 M&A를 유도, 2개 업체 정도를 유지하는 방향으로 나가는 방식을 들 수 있다.[41] 이는 대규모 시설에 대한 중복투자 방지 및 사업물량 제한의 한계를 극복하기 위해서도 필요하지만, M&A

를 통해 전문체계업체의 규모를 키워야 세계적 방산업체들과 경쟁할 수 있는 역량을 발전시킬 수 있기 때문이다. 다만 시너지가 미비한 분야 — 화약, 포탄 등 — 에 대해서는 현 업체들을 그대로 유지해도 무방할 것이다.

3) 전문체계업체와 중소기업/민간벤처 간 파트너십 구축

한국 방산업체들, 특히 체계통합업체들의 경우에는 기존의 체계중심적인 R&D 수행과 더불어, IT 소프트웨어(software) 관련 기술 및 핵심기술에도 특별히 강조점을 두는 R&D까지 수행해 나가야 한다. 이는 무기체계가 첨단화되면 될수록 내장 소프트웨어의 중요성이 커질 수밖에 없고, 따라서 핵심기술과 무기체계 내장 소프트웨어의 R&D 기반을 확충해 나가야 하기 때문이다. 일례로 전투항공기의 경우 소프트웨어에 의해 작동하는 기능이 F-4(1960년대) 8%, F-111(1970년대) 20%, F-16(1980년대) 45%, B-2(1990년대) 65%, F-22(2000년대)는 80%에 달하는 것을 들 수 있다.[42] 그런데 IT 소프트웨어 관련기술 및 핵심기술은 대기업들(체계통합업체)이 아닌 중소기업 및 벤처기업들이 주로 수행하는 R&D 영역이다.

그런데 체계통합업체들은 이런 핵심기술에 직접 투자를 단행하기 보다는, 앞에서 언급한 유럽의 영국처럼 핵심기술 개발능력을 갖춘 해외 중소업체들을 직접 인수하거나, 혹은 국내 중소기업 및 벤처기업들과 장기적인 파트너십 관계를 구축하는 것이 더 비용-효과적인 결과를 산출할 수 있을 것이다.[43] 사실 방위산업의 하부기반을 구성하는 중소업체들은 기술혁신의 원

41) 국내 획득사업 수주 경쟁 시 국내 업체들 간 공동개발 및 공동생산을 위한 컨소시엄(consortium)을 구성, 몇 년간에 걸쳐 같이 일해 보면서, 미래 특정 사업 부문을 추진하는데 있어 두 업체가 합병을 할 경우에 매우 큰 시너지 효과(기술 및 재정경쟁력)를 거둘 수 있을 것이라 판단이 들면, 그때 인수합병(M&A)에 관한 논의를 자연스럽게 하면 될 것이다.

42) 이경재, 『획득기획의 이론과 실제』(서울: 대한출판사, 2007), p.157.

43) 장기적인 파트너십 관계 구축의 한 가지 예를 들어보면, 체계통합업체(대기업)가 특정기술을 갖고 있는 중소기업이 최소 20~30년 이상 생산할 수 있도록 보증을 해주고, 계약단계에서 물류지원 방안까지 포함된 철저한 계획을 제시해주는 것이다.

천으로 방위산업 분야에 기술력을 갖춘 건전한 중소업체가 많으면 많을수록 경쟁도 용이하고, 생산성 및 효율성 또한 제고시킬 수 있는 것이다. 특히 한국의 체계통합업체들은 방산 선진국들로부터 기술도입을 통해 지금까지 성장·발전 해왔기 때문에 기술력있는 중소업체들을 많이 확보하는 것은 미래 성장에 필수적이고, 또 세계적 방산 공급망(supply-chain)에 진입하는 데도 크게 도움이 되는 것이다. 그러나 그 무엇보다 체계통합업체와 중소업체 간의 장기적인 파트너십 관계구축은 앞으로 국방부 차원에서 전면적으로 추진되어 나갈 예정에 있는 무기체계 '총수명주기체계관리(TLCSM)' 및 '성과기반군수(PBL)'의 효율적인 시행에 필요한 방위산업기반체계를 사전에 구축한다는 차원에서 대단히 중요한 것이다.

앞에서 제시한 세 가지 방안들은 한국 방위산업의 국제경쟁력을 강화시키는 데 있어 꼭 필요한 조치들이다. 이는 현재 위기에 처한 한국 방위산업이 기술적인 돌파구를 마련하고, 무기체계에 대한 연구개발과 생산을 합리화하고, 효율성을 증대시키며, 규모의 경제를 확립하고, 세계 방산수출시장에 성공적으로 침투하기 위해서라도 반드시 실행에 옮겨야 하는 방안들이다.

V. 결론

한국이 지난 40여 년 이상에 걸쳐 방위산업을 발전시켜온 것은 방산 선진국들로부터 완성품 무기체계, 그리고 기술 및 부품에 대한 의존에서 벗어나 군사적·기술적 자율성을 확보하고, 방위산업 육성을 통한 파급효과로 국가의 경제 및 과학기술 발전을 도모하기 위한 것이었다. 그러나 이런 기대와는 달리 현재 한국 방위산업은 1970년대 방위산업을 시작하였던 다른 후발 방산국가들 — 대만, 브라질 등 — 과 마찬가지로 재래식 무기체계 분야를 제외한 첨단 무기체계, 특히 해상 및 공중 무기체계의 경우, 방산 선진국들로부터의 기술지원 및 부품도입에 기반해 생산하는 한계를 벗어나지 못하고 있다.

앞으로 한국이 방위산업 발전과 관련해 경제성(효율성)을 더 강조하는데 초점을 둔 방위산업의 미래를 생각한다면, 세계 방위산업 시장에서 생존하는데 필요한 경쟁력을 갖추기 위해 지금보다 더 많은 노력을 기울여 나가야 한다. 특히 방산 선진국들만큼의 정책 및 제도, 그리고 기술기반체계가 갖추어져 있지 않은 한국이 앞으로 적극적으로 국방연구개발 투자를 강화해 나가면서 동시에 국내·외 방산업체들 간의 국제협력 및 구조조정 작업을 추진해 나가지 않는다면, 선진 방산업체들의 글로벌 공급망에 연계되는 것(예: 하도급 업체) 이상의 능력을 갖추기는 어려울 것이라는 점을 똑바로 인식해야 할 것이다.

무기수출금지 3원칙 폐지 이후 일본 방위산업 전망*

박영준 | 국방대학교 안보대학원

Ⅰ. 머리말

일본은 1946년 제정된 헌법 제9조 1항에서 국가정책수단으로서 전쟁을 포기한다고 규정한 데 이어, 제2항에서 육해공 군 전력 보유의 금지를 규정한 바 있다. 샌프란시스코 강화조약을 통해 주권을 회복한 일본은 1954년 육해공 자위대를 창설하였지만, 헌법상의 '평화주의' 정신에 따라 '비핵 3원칙', '우주의 평화적 이용원칙', '무기수출금지 3원칙', '전수방위의 원칙', '기반적 방위력' 개념, '방위비 GNP 1% 이내의 원칙', '공격용 무기 비보유 원칙' 등 소위 비군사화 규범을 선언한 바 있다. 그러나 2000년대 들어 기존의

* 본 발표는 졸고 "일본 방위산업 성장과 비군사화 규범들의 변화: '무기수출 3원칙'의 형성과 폐지 과정을 중심으로," 『한일군사문화연구』 제18집(한일군사문화학회, 2014.10)을 가필, 수정한 것임을 밝혀둔다.

비군사화 규범들의 일부가 변경되거나, 폐지되는 사례가 늘어나고 있다. 2008년에 '우주기본법'이 제정되면서, 기존의 '우주의 평화적 이용원칙'이 수정되었고, '기반적 방위력' 개념도 2010년의 방위계획대강에서 '동적 방위력'으로 대체된 데 이어, 2013년 방위계획대강에서 다시 '통합기동방위력'으로 대체되면서 완전히 폐기된 바 있다.[1] 그리고 1967년 공표되었던 '무기수출금지 3원칙'도 2011년 12월에 그 적용이 완화되었다가, 2014년 4월 1일에는 아베 정부의 결정에 의해 완전히 폐기되고, 새로운 '방위장비 이전 3원칙'이 이를 대체하기에 이르렀다.

이같이 일본 방위정책의 근간을 형성하였던 비군사화 규범들이 수정되거나 폐기되는 양상은 일본 방위정책의 향후 추이와 관련하여 중요한 의미를 갖는다. 필자는 다른 연구들에서 일본이 제2차 세계대전의 전범국가였으나, 현재는 미국과의 동맹하에서 글로벌 안보활동에 자유롭게 참가할 수 있는 독일이나 이태리와 같은 '보통군사국가화'를 지향하는 도정에 있다고 보았는데, 일련의 '비군사화 규범'들의 수정 및 폐기는 그 강력한 징후들로 해석할 수 있다. 그렇다면 이 '비군사화 규범'들의 변화를 추동하는 요인들은 과연 무엇일까? 이와 관련해서는 일본 국내 요인들로서는 보통국가화를 지향하는 정치세력들의 대두, 이러한 국가전략 방향을 옹호하는 일본 국내 여론의 변화, 그리고 대외적 요인으로는 동맹국 미국의 지원, 새로운 안보위협요인으로서 중국과 북한의 부상 등을 복합적으로 제기할 수 있을 것이다.

이 같은 요인들 가운데에서, 본고에서는 일본 국내요인, 특히 일본 방위산업에 중점을 두어 방위산업 분야에서의 변화가 비군사화 규범들의 수정 및 폐지, 특히 최근 결정된 '무기수출금지 3원칙'의 폐지 과정에 어떠한 영향을 가했는가를 구체적으로 살펴보고자 한다. 그리고 무기수출금지 3원칙 폐지가 역으로 일본 방위산업에 어떤 영향을 주게 될 것인가도 아울러 조망하

---

1) 일본의 비군사화 규범의 실태와 그 변화양상에 관해서는 졸고, "군사력 관련 규범의 변화와 일본 안보정책 전망," 『한일군사문화연구』 제14호(한일군사문화학회, 2012. 10)를 참조.

고자 한다. 일본 국내 행위자 가운데에서도 방위산업에 주목하는 이유는 현재 수정 및 변화되고 있는 비군사화 규범들의 상당수, 즉 '기반적 방위력' 개념, '우주의 평화적 이용원칙', '무기수출금지 3원칙' 등이 무기의 생산 및 수출, 운용 등과 관련되는 규범들이기 때문이다. 이러한 관점에서 1945년 패전 이후 폐허화되었던 일본의 방위산업이 냉전기를 거치면서 다시 부흥하고, 이를 바탕으로 일본의 방위산업체들이 대표적인 경제단체인 경단련을 통해, 기존의 비군사화 규범들에 대해 어떤 요구들을 제기하면서 방위정책의 변화를 추동해 왔는가를 살펴보고자 하는 것이다.[2] 이러한 문제의식에서 본 연구는 전후 일본 방위산업의 부흥과정, 무기수출금지 3원칙 등 비군사화 규범하에서의 일본 방위산업 변화, 그리고 무기수출금지 3원칙 폐지 등 비군사화 규범의 변화에 작동한 국내외적 요인들을 차례로 살펴보고, 결론적으로 무기수출금지 3원칙 폐지가 일본의 방위산업 및 대내외 안보정책에 미칠 영향들에 대해 전망해 보고자 한다.

II. 일본 방산업체의 전후 재편성과 방위정책에의 영향

1. 전후 일본 방산업체의 재편

태평양전쟁에서의 승리 이후 일본에 진주한 맥아더 장군의 연합군 총사령부는 일본의 비군사화와 민주화를 점령정책의 목표로 설정하였다. 그리고 비군사화를 위한 조치들로서, 제국 일본 육군과 해군의 해체 등을 추진하면서, 동시에 1945년 9월, 포고를 통해 군수업체들의 무기연구와 개발, 생산

2) 그렇다고 해서 본 연구가 일본의 비군사화 규범들의 변화, 나아가 방위정책의 변화에서 일본 방위산업계가 가장 중요한 행위자라고 전제하는 것은 아님을 밝혀둔다.

금지를 지시하였다. 이에 따라 전쟁 기간 중 전함 야마토와 무사시, 제로센 전투기 등 우수한 무기들을 생산하던 일본의 군수업체들이 사실상 활동이 정지되었다. 그러나 1950년 6월 25일, 한반도에서 6.25전쟁이 발발하자, 일본에 진주하던 미군들이 전선으로 투입되었고, 일체의 무기 생산이 금지되었던 일본 군수공업에 대한 미국의 정책이 변화하기 시작했다. 미국은 6.25 전쟁 수행에 필요한 군수품 공급을 위해 7억 엔을 투입하여 전후 파괴된 일본 내 74개 중공업을 재건하기 시작했고, 1952년 3월에는 항공기와 탄약 생산 규제도 폐기하기에 이르렀다. 이로써 전후 일본 방위산업이 재건되는 길이 열리게 되었다.[3)]

방위산업 재가동에 따라 1946년 설치된 경제단체연합회(경단련)는 산하에 방위생산위원회를 설치하여, 일본과 미국 양 정부에 일본 방산업체들의 의견을 집약하여 전달하는 기능을 수행하기 시작했다. 1953년 경단련 방위생산위원회는 미국 정부에 제출한 보고서를 통해, 태평양 지역의 안정을 위해 지속적으로 미국이 일본에서 무기를 획득해 줄 것을 요청하였고, 같은 시기에 일본 정부에는 1952년 창설된 보안청(1954년 방위청 개칭)이 추진하던 장기 국방계획에 군용기 생산을 포함한 방위산업 국산화 확대 방침이 반영되도록 적극적 제안을 행하였다(Michael Green 1995, 39). 이 같은 방위산업체들의 정책요구는 수출진흥과 이를 위한 중공업 육성을 전략적으로 추진하던 정부 내 통산성의 입장과 유사한 것이었다.[4)] 통산성은 1952년에 방위생산이 국가의 중요산업분야라고 선언하면서, 경단련 방위생산위원회와 협력하면서 1954년에는 조사팀을 미국에 파견하여 방산기술 이전에 관한 조사연구를 실시하기도 하였다(Michael Green 1995, 35).

---

3) Michael J. Green, *Arming Japan: Defense Production, Alliance Politics, and the Postwar Search for Autonomy*(New York: Columbia University Press, 1995), pp.32-33.

4) Chalmers Johnson, *MITI and the Japanese Miracle: The Growth of Industrial Policy, 1925-1975*(Stanford University Press, 1982): 장달중 역, 『일본의 기적: 통산성과 발전지향형 정책의 전개』(박영사, 1984), pp.233-234.

그러나 예산편성권을 쥐고 있던 대장성은 방위산업 진흥에 부정적인 입장을 견지하였다. 1952년 11월 대장성 주계국장은 요미우리 신문과의 인터뷰에서 대장성이 재군비 계획을 고려하지 않고 있으며, 군용기 등 방위산업 분야에 특혜를 부여할 생각이 전혀 없다고 밝혔다(Michael Green, 36). 이러한 시각에서 대장성은 1950년대를 통해 방위산업 분야를 수출산업으로 건설하려는 통산성의 시도를 통제하였으며, 방위비 증강을 지속적으로 견제하였다.[5] 이러한 대장성의 입장은 요시다 수상이 정립한 국가전략 방향, 즉 최대한 경무장 주의를 관철하면서 안보는 미일동맹에 의존하고, 정부의 중점은 경제성장에 두는 소위 요시다 독트린의 방향에 부합되는 것이었다.

대장성 등의 반발에 직면하여 방위산업계는 자민당 내 보수파 및 미국과 직접 연계하면서, 방위산업 부흥을 도모하고자 하였다. 1955년 결성된 자민당에서는 구제국 해군장교 출신이었던 호리 다쿠시로와 간사장 후나다 나카 등이 방위산업의 국산화를 옹호하였다. 경단련 방위생산위원회는 1955년 방위연락협의회를 조직하여, 자민당 내 방위산업 옹호론자, 통산성, 그리고 산업계를 망라한 네트워크를 강화하고자 하였다. 1954년 체결된 미국과의 상호방위원조협정(MSA: Mutual Defense Security Assistance Agreement)은 미 국방성 및 방산업체들이 일본 방산업체에 대한 투자와 기술 이전을 가능케 함으로써, 일본 방위산업의 성장을 대외적으로 지원하는 틀로서 기능하였다(Michael Green, 38).

이러한 환경의 정비를 바탕으로 1950년대 중반, 미츠비시 중공업 및 가와사키 중공업 등 일본 방산업계는 국내적으로는 여당 및 통산성의 정책적 지원, 대외적으로는 미국으로부터의 기술지원에 힘입어, F-86 전투기 및 T-33A 훈련기의 라이선스 생산에 착수하였다.[6]

---

5) Kenneth B. Pyle, *Japan Rising: The Resurgence of Japanese Power and Purpose* (New York: A Century Foundation Book, 2007), p.250.

6) 김경민, 『어디까지 가나 일본 자위대』(아침바다, 2003), 제4장 참조.

2. 무기의 해외수출과 미일 간 무기생산 협력 확대

일본 방산업계가 본격적인 재가동의 궤도에 들어서게 되자, 생산된 무기의 대외수출 확대를 위한 노력도 병행하여 경주되었다. 1956년 4월, 경단련 방위생산위원회는 동남아 지역 무기수출 확대를 위해 조사팀을 베트남 등 동남아 지역에 조사단을 파견하였고, 타이 등 동남아 주요 국가들에 소규모 일본제 무기 판매가 개시되었다.[7] 1960년대 이후에도 동남아 지역에 대한 무기 수출은 베트남 전쟁 발발을 배경으로 소폭이긴 하지만 증액되었고, 방위장비 국산화위원회 등은 더욱 적극적인 무기수출을 주장하는 의견서를 정부에 제출하기도 하였다(佐道明廣 2003, 제2장).

무기의 생산과 수출 증대에 따라 일본 정부는 무기 기술의 연구개발 필요성에 직면하게 되었다. 이를 위해 1958년에 방위청에 기술연구본부(Technology Research and Development Institute)를 설치하여, 화기 및 탄약, 항공기 등의 무기체계와 차량, 피복 등 전력지원체계에 대한 연구개발 기능을 담당하게 하였다.[8]

1950년대 후반 이후 자민당 국방부회와 방위청은 다년도에 걸친 일련의 방위력 정비계획을 책정하여, 육해공 자위대의 전력증강 목표를 결정하고, 그에 소요되는 무기생산 계획을 제시하여, 방위산업 육성의 제도적 장치를 마련하였다. 1957년에 제1차 방위력정비계획이 책정되어, 육해공 자위대의 전력증강에 대한 목표가 처음으로 제시되었다.[9] 1961년에는 1962~66년간에 걸친 제2차 방위력 정비계획이 책정되었다. 제2차 방위력 정비계획 실시

---

7) 佐道明廣, 『戰後日本の防衛と政治』(吉川弘文館, 2003), 제2장 및 田中明彦, 『安全保障: 戰後50年の模索』(讀賣新聞社, 1997), p.294 등 참조.

8) 2014년 현재 방위성 산하 기술연구본부의 인력은 1,000여 명 규모로 증대

9) 제1차 방위력 정비계획의 입안 과정에서 이미 1955년부터 라이선스 생산이 개시되고 있었던 F-86f 전투기의 후계기종에 대한 논의가 있었는데, 최초 단계에서 항공자위대와 방위청은 미국 그러맹사의 F-11을 대안으로 선정하였으나, 대장성 등은 미국 로키드사의 로비 등의 영향으로 최종적으로 대장성은 로키드사의 F-104를 결정하였다. Michael Green, op. cit., pp.44-45.

기간 중에 육상자위대는 5개 방면대, 13개 사단의 규모로 1966년까지 18만 명 체제를 유지하고, 해상자위대는 3개 호위대군, 5개 지방대의 편제로 총 함선 229척, 14만 3,669톤의 전력을 증강하는 것으로, 그리고 항공자위대는 1,036기의 군용기 보유가 목표로 설정되었다(田中明彦, 204).[10] 1967년에는 제3차 방위력 정비계획이 책정되었다.

방위산업계와 방위청 등은 다년도 방위력 정비계획을 수립하는 과정에서 주요 무기의 국산화 능력을 증진하기 위한 노력을 적지 않게 기울였다. 예컨대 제3차 방위력 정비계획 입안 중에 방위청은 일각에서 제기된 미국의 T-38 훈련기 도입 방안을 거부하고, 통산성과 대장성의 지지를 얻어 T-2 제트훈련기의 국내 개발안을 관철시켰다. 이외에도 C-1 수송기, 지대공 미사일, YS-11 프로펠러기의 국산장비 개발도 추진되었다(Michael Green, 50). 이러한 정책적 노력의 결과, 자위대에 공급되는 주요 장비들의 국내 조달률이 대폭 증가하였다. 1950~57년간 주요 무기체계의 국내 조달률은 39.6%에 불과하였으나, 1958~1960년간의 제1차 방위력 정비계획 기간 중에는 62.4%로 증가하였고, 1962~66년간의 제2차 방위력 정비계획 기간 중에는 80%로 증대되었다.[11]

무기 국산화율의 증대는 미츠비시 중공업, 미츠비시 전기, 도시바 등 주요 방산업체들의 연구개발비 증대와 연동되었다. 1970년대 경단련 방위생산위원회가 88개 회원사를 대상으로 조사한 결과 독자국방기술에 대한 연구개발 예산이 1965년 기준 전체 연구예산 20%에서 1969년 시점에서는

10) 제2차 방위력 정비계획 기간 중인 1965년에 미츠비시 중공업 나고야 공장에서 1960년부터 생산을 개시하고 있던 F-104 전투기의 생산주기가 종료될 상황이 전개되었다. 생산 중단에 따른 조업 차질을 우려하여 1963년 5월, 경단련 방위생산위원회가 정부에 100기의 추가 F-104 전투기 발주를 요청하였다. 이에 대해 방위청은 거절하였으나, 자민당 국방부회와 통산성이 이를 수용하고, 대장성이 절충하여 결국 F-104 전투기의 30기 추가 생산이 합의되는 상황도 전개된 바 있다(Michael Green, 49).

11) Michael Green, op. cit, p.47 및 김진기, 『일본의 방위산업: 전후의 발전궤적과 정책결정』(고려대 아연출판부, 2012), p.153 참조. 김진기에 의하면 1970년대 이후 이 비율은 93%를 상회하게 된다.

30%로 증대한 것으로 나타난 바 있다. 이러한 방산업체들의 연구개발비 증대를 바탕으로 1960년대 말까지 일본은 주요 전투기의 부품, BADGE 레이더체제, 나이키-호크 미사일 등 주요 장비들의 국산화에 상당한 성과를 거두고 있었던 것이다.

III. 비군사화 규범들의 공표와 일본 방위산업

1. 비군사화 규범들과 '자주국방론'의 대두

일본의 방위산업이 제1, 2, 3차 방위력 정비계획의 추진과 병행하여, 연구개발 능력도 증대시키고, 주요 무기체계의 국산화도 진행되고 있던 1960년대 말 무렵, 일본 정부는 '비핵 3원칙'과 '무기수출금지 3원칙,' 그리고 '우주의 평화적 이용원칙' 등 일련의 비군사화 규범들을 채택하였다. 1967년 4월 21일, 사토 에이사쿠(佐藤榮作) 수상은 중의원 결산위원회에서의 답변을 통해 '무기수출금지 3원칙'을 처음으로 표명하였다. 사토 수상은 방어적 무기 등의 수출에 대해서는 외국에서 요구가 있으면 거절하지 못하지만, "공산국 국가, 유엔 결의에 의해 무기 등의 수출이 금지된 국가, 국제분쟁 중의 당사국 혹은 그 위험성이 있는 국가"에 대해서는 수출을 금지한다고 밝혔다. '비핵 3원칙'은 1967년 당시의 사토 에이사쿠 수상이 국회 답변을 통해 표명한 것으로, 일본이 핵무기를 제조, 보유, 배치를 하지 않겠다는 정책 방침이었다. 이 원칙은 1964년 중국 핵실험 이후 핵정책의 방향에 대해 고심해 왔던 일본이 결국 1970년에 설립되는 NPT의 취지에 공조하여, 핵개발 및 확산의 대열에 들어가지 않겠다는 의지를 선언한 것이었다.

1969년에는 일본 국회가 '우주의 평화적 이용에 관한 원칙'을 결의하였다. 이 원칙은 당시 미국과 소련 등을 중심으로 활발하게 추진되던 우주공

간의 군사적 이용, 즉 정찰위성 등의 군사적 자산을 우주공간에 경쟁적으로 배치하는 추세 등에 반해, 일본의 우주개발은 어디까지나 과학기술 발전에 중점을 두고 기상관측위성 등의 개발에 국한하겠다는 의지를 표명한 것이었다.[12] 이 같은 일련의 비군사화 규범들의 공표에 의해, 일본은 핵무기와 군사위성은 물론이고, 전략폭격기, 대륙간 탄도탄, 항공모함 등 전략무기들의 개발을 스스로 규제하게 되었고, 여타 재래식 무기들의 대외수출도 전반적으로 금지하게 되었다. 이 같은 비군사화 규범들의 공표는 60년대 후반까지 진전되어온 일본 방위산업의 기술적 잠재력을 제약하고, 국제무기시장에의 참여도 극력 제한하는 의미를 갖고 있었다. 그렇다면 이 같은 일련의 비군사화 규범들의 공표에 대해 일본 방위산업계와 그를 옹호하는 정치세력들은 어떠한 반응을 보였던가?

무기체계의 국산화를 옹호하던 정치세력들은 일련의 비군사화 규범과 그것들이 일본 방위능력에 미칠 영향에 대해 우려를 하고 있던 것으로 보인다. 1970년 3월, 방위청 장관에 취임한 나카소네 야스히로가 그 대표적인 경우였다. 나카소네 장관은 취임 직후 일련의 연설에서 일본이 스스로 국가를 지키려고 하는 의지가 결여된 채, 유엔이나 미국과의 동맹에 방위를 의존하는 경향이 크다고 지적하면서, 일본이 미국과 대등한 입장에 서서 자주국방의 능력을 가지는 것이 필요함을 역설하였다.[13] 나카소네 장관은 나아가 같은 해 6월, 군사장비의 획득생산 발전에 관한 기본정책을 밝히면서, 자주국방 실현을 위해서는 주요 군사장비의 독자적 획득과 생산이 바람직하며, 군사장비의 개발과 생산에 관해 대외의존을 줄이고, 일본 기업의 능력을 발전시켜야 한다는 방침을 천명하였다(Michael Green, 57). 나카소네 장관의

---

12) 이후에도 일본 정부는 추가적인 비군사화 규범을 공표하였다. 1973년 당시의 다나카 내각은 공중급유에 관한 원칙을 제시하였다. 이 원칙은 공중급유기 보유를 금지하여 자위대 보유 전투기의 항속거리 및 비행범위를 한정하려 한 것이었다. 또한 공격용 무기 비보유 원칙도 표명하여, 전략폭격기, 항공모함, 대륙간 탄도미사일 등의 보유를 금지하겠다고 하였다. 1977년에는 군사대국이 되지 않겠다는 원칙도 표명하였다.

13) 1970년 3월 19일, 자민당 안전보장조사회에서의 연설 참조. 田中明彦, 앞의 책, pp. 232-233.

자주국방론 방침에 대해 주요 방산업체들이 회원으로 가입해 있는 경제단체들은 환영의 뜻을 밝혔다. 1970년 경단련 회장에 취임한 도시바의 도고 토시오는 연례 총회 인사말을 통해, 일본이 자주국방 능력을 늘려 아시아 집단안보에 기여할 수 있어야 한다고 하였다. 경단련 방위생산위원회는 향후 방위연구개발 및 생산분야에 대한 자본투자 확대 방침을 표명하였고, 나아가 경제단체들은 대장성 등에 대해 자주방위를 위한 예산 증대와 헌법 제9조 폐기 등을 요청하기에 이르렀다(Michael Green, 57-58). 이 같은 흐름에 힘입어 1971년 4월, 나카소네의 방위청은 제4차 방위력 정비계획을 공표하였는데, 이는 전년 대비 방위예산을 220% 증대하고, 방위연구개발예산은 350% 증액한 급격한 군비확장의 내용을 지닌 것이었다. 그 속에는 공중조기경보기, C-1 수송기, T-2 제트훈련기, FST-2 지상지원 전투기 등의 개발예산도 포함되어 있었다.

이 같은 나카소네 방위청 장관이 주도한 자주국방론의 정책화에 대해 정부 내의 대장성과 여당 내의 비둘기파 정치인들은 반발하고 나섰다. 대장성은 나카소네의 방위력정비계획이 재정적으로 불가능한 계획이라고 비판하였고, 자민당 내의 자유주의자였던 미키 다케오나 오히라 마사요시 등도 각각의 입장에서 반발을 보였다. 야당도 나카소네의 방위력 증강계획이 군국주의적이라고 비판하였다.[14] 보다 세련된 형식의 비판은 방위청 내부에서 제기되었다. 방위청 방위정책국장이었던 쿠보 다쿠야는 1971년 3월, 내부검토용으로 작성된 보고서에서 '기반적 방위력'의 개념을 제시하며, 일본이 건설해야 할 방위력은 적대세력의 능력을 기준으로 해서가 아니라, 근린 국가들의 정치적 의도에 기반해서 건설해야 한다고 주장하였다.[15] 이는 명백히 나카소네가 추진하던 자주국방론에 입각한 군사력 건설론에 대한 반박이었다.

나카소네의 자주국방론에 입각한 제4차 방위력 정비계획을 둘러싼 논란

---

14) 중국 등에서도 나카소네의 군비증강안을 군국주의적이라는 비판이 제기되었다.
15) 쿠보의 '기반적 방위력' 개념에 대한 구상은 田中明彦, 앞의 책, 참고.

의 와중에 일본 방위산업계는 애초 계획에 포함되었던 T-2 제트훈련기와 FST-2 지상지원전투기, 그리고 PXL 대잠 비행기 국산화를 위한 예산 유지에 노력하였다. 한편 자주국방론에 반발한 대장성과 야당은 T-2 제트훈련기와 FST-2 지원전투기의 국산화 계획 대신 미국 방산업체 노드롭의 F5B 훈련기와 전투기 수입을 주장하였다. 결국 다나카 수상은 국방회의의 논의를 통해 T-2 제트훈련기와 FST-2 지상지원전투기의 국산화는 결정하였으나, PXL 대잠 비행기 국산화는 단념하고, 이를 대체하여 미국 록히드마틴사의 대잠 초계기 P3-C를 구입한다는 결정을 내렸다(Michael Green, 62-67).

더욱이 나카소네가 1971년 7월, 방위청장관에서 물러나 자민당 간사장으로 취임한 이후에는 자주국방론의 관점에 입각한 방위산업 진흥정책방향은 퇴조를 보이기 시작했다. 1973년 2월, 방위청장관 마스하라 게이기치 공표한 '평화의 방위력 계획'은 육상자위대 정원 18만 명, 해상자위대 보유 함정의 배수량 23~28만 톤, 항공자위대 군용기 800기 등을 목표로 제시했지만, 방위산업 기반의 발전은 고려되지 않았다(Michael Green, 73-74).

1967년에 공표된 무기수출금지 3원칙은 더욱 엄격하게 강화되었다. 1976년 2월 27일, 당시의 미키 다케오 수상은, 무기수출금지 3원칙 대상 지역에의 무기수출은 인정할 수 없을 뿐 아니라, 3원칙 대상 이외의 지역에도 헌법 및 "외국외환 및 외국무역관리법" 정신에 의해 무기수출에 신중을 기하겠다고 밝혔다. 그리고 무기제조관련 설비의 수출에 관해서도 이를 무기에 준해 취급하겠다고 하였다.[16] 1976년 10월, 최초로 책정된 방위계획대강에는 쿠보 다쿠야가 제시한 '기반적 방위력'의 개념을 수용하여, 일본의 안보는 미일동맹에 주로 의존하며, 일본은 소규모, 제한된 침략을 억제하기 위한 능력을 중점적으로 구축한다는 방침이 표명되었다.[17]

---

16) 五十嵐武士, "平和國家と日本型外交,"『日米關係と東アジア: 歷史的文脈と未來の構想』(東京大學出版會, 1999), p.169.

17) 이외에도 이 시기에 비군사화 규범들이 강화되는 추세가 나타났다. 1973년 당시의 다나카 내각은 공중급유에 관한 원칙을 제시하였다. 이 원칙은 공중급유를 금지하여 자위대 보유 전투기의 항속거리 및 비행범위를 한정하려 한 것이었다. 다만 이 원칙

이같이 비군사화 규범이 강화되고, 반면 자주국방론이 퇴조하자, 일본 방위산업도 곤란을 겪게 되었다. 1977년 경단련 방위생산위원회는 제4차 방위력 정비계획의 급격한 획득감소에 의해 방위산업 기반 유지가 어려워지고 있다는 보고서를 공표하였다. 같은 시기, 일본항공산업협회(SOciety of Japanese Aerospace Companies)는 대잠초계기의 국산화 실패로 일본 관련 산업은 미국과 유럽 방산업계의 부분적 공급자 지위로 하락하게 되었다는 우려를 표명하였다(Michael Green, 70). 이같이 1970년대에는 비군사화 규범의 대두 속에서 일본 방위산업의 국내적 영향력 및 기술적 잠재력이 위축된 양상이 나타났다.

2. 신냉전하의 미일 방산협력과 무기수출금지 3원칙의 예외적 적용

침체 기미를 보이고 있던 일본 방위산업은 1980년대를 전후하여 다시 일본 정치와 대외관계에 대한 영향력을 회복하기 시작했다. 그 요인으로서는 일본 방위산업의 기술적 능력의 신장, 그리고 미국 레이건 정부하에서 추진된 대소 신냉전 기조하의 일본에 대한 전략적 중요성의 재인식이 있다.

비록 자주국방론이 퇴조기미를 보이기는 했지만, 일본의 정책결정자들은 군사기술과 방위산업에 대한 잠재적 능력을 지속적으로 축적하는 것이 국제질서에서 일본의 위상을 확보하기 위해 긴요하다는 판단을 갖고 있었다. 통산성 관리를 역임한 아마야 나오히로(天谷直弘)는 1980년에 저술한 글에서 일본이 통상국가(町人국가)가 아니라 국제사회에서 군사력을 행사할 수 있는 무사국가(武士國家)가 되려고 한다면, 군비를 기르고 무기수출금지 3원칙과 같은 규범을 폐지할 각오를 해야 한다고 지적하였다.[18] 국제정치학자

은 5년 뒤인 1978년 1월, 후쿠다 내각 시대에 폐지되었다. 1976년 당시의 미키 다케오 내각은 방위비 GNP 1% 이내 원칙을 표방하였다. 이 원칙은 일본 정부가 책정하는 방위예산이 GNP의 1%를 넘지 않도록 제약하는 규범이었다.

18) 天谷直弘, 「町人國・日本手代のくりごと」(文藝春秋 1980.3); 北岡伸一 編, 『戰後日本

나가이 요노스케도 일본이 경무장, 비핵국가의 길을 견지한다 하더라도, 군사적 기술의 잠재력을 유지하는 것이 일본이 국제사회 변화에 적응하는 전략이 될 것이라고 보았다(Kenneth Pyle, 259에서 재인용).

이 같은 '기술 민족주의'의 인식에 따라 일본 방산업체들은 비군사화 규범의 파고 속에서도, 세계 최고 수준의 전자공업 분야에 바탕하여 기술적 잠재력을 극대화하였다. 1970년대 후반 도시바나 후지츠와 같은 세계 최고 수준의 전자업체들이 일본 방위산업에서 차지하는 비중이 늘어난 점이 이를 보여준다. 이러한 자부심을 바탕으로 1979년 경단련 방위생산위원회는 보고서를 통해, 일본의 산업기술과 생산성이 세계 최고수준이며, 방위산업도 예외가 아니라고 주장하였다. 그리고 이러한 기술을 바탕으로 독자적인 연구과 개발을 해야 한다고 제언하였다(Michael Green, 80).

일본 방위산업에서 이룩한 높은 기술적 수준에 대해서는 미국 국방성과 방산업계가 주목하고 있었다. 1978년 미일 간 최초의 가이드라인이 서명되었을 무렵, 미국 측은 일본이 미국에 대해 우위를 보이고 있는 군사기술 분야를 확인하고, 종전처럼 미국에서 일본이 아니라, 향후에는 일본에서 미국으로의 군사기술 이전 방안을 촉진해야 한다고 생각하게 되었다(Michael Green, 80). 이러한 인식을 바탕으로 1980년 접어들어 미 국방성은 일본에 대해 방위기술 이전과 교환을 논의하기 위한 협의 메커니즘인 미일 시스템 기술포럼(US-Japan Systems and Technology Forum) 창설을 제안하기에 이르렀다. 한편 일본으로서도 이 같은 포럼을 통해 F-15 전투기, 사이드와인더 미사일, 화력통제시스템 등의 생산 기술이 이전될 수 있을 것으로 기대하였다.[19] 이 같은 미일 간 군사기술 상호교류의 제도화는 1980년대 이후 등장한 미국 레이건 행정부가 소련을 '악의 제국'으로 인식하며, 대소 신냉전 기류를 조성하면서, 그리고 일본에서는 나카소네가 수상으로 취임하면서

外交論集』(中央公論社, 1995).

19) 마이클 그린은 1980년을 전후하여 미일 간에 30여 년간에 걸친 일방적 기술이전 시대는 끝났고, 최초로 미국이 일본 기술에 대해 두려워하게 되었다고 평가하였다. Michael Green, p.83.

더욱 가속화되었다. 1981년 3월, 캐스퍼 와인버거 미 국방장관은 일본 외상에게 북서 태평양 해역에서 소련에 대응하는 미국의 군사력을 보완하기 위해 일본 자위대가 군사력을 보강하고, 괌 이서, 필리핀 이북의 해역에 대해 방위분담을 해 줄 것을 일본 측에 요청하였고, 같은 맥락에서 맨스필드 주일대사도 일본의 대잠 능력과 방공능력 강화를 희망하였다(田中明彦, 289). 같은 해 6월, 레이건 대통령과 스즈키 수상 간에 정상회담이 개최되었을 때에도, 와인버거 국방장관은 일본의 방위관련 특정 기술이 미국에 이전될 수 있는 메커니즘 구축의 필요성을 언급하였다. 1982년 3월, 와인버거 국방장관은 나카소네 수상을 방문한 자리에서 일본 군사기술의 대미 이전을 재차 요청하였다.

이 같은 미국 측의 거듭된 일본 군사기술 이전 요청은 일본 측으로서는 1967년에 공표되고, 이후 그 적용이 보다 엄격해진 무기수출금지 3원칙의 재검토를 요구하게 되는 사안이 되었다. 미국 측의 요청에 대해 나카소네 수상은 대미 무기기술 이전이 무기수출금지 3원칙에 저촉되지 않으며, 미일방위조약 제3조에 비추어서도 가능하다는 입장을 정립하였고, 미국 측의 요청에 긍정적으로 응하기 시작했다. 1983년 11월 8일, 양국 정부가 공동군사기술 이전에 관한 양해각서를 교환한 것은 그 결과물이었다. 나카소네 수상은 동맹국인 미국에 대해서는 무기수출금지 3원칙을 예외적으로 인정한다는 정책으로 전환한 것이다.

이후 미일 간에는 상호 군사기술이나 무기용 부품의 거래가 활발하게 진행되었다. 1985년 3월, 캐스퍼 와인버거 국방장관은 일본에 대해 미국의 전략방위구상(SDI: Strategic Defense Initiative)에 참가해줄 것을 공식적으로 요청하였고, 일본 정부는 일본 기업에 의한 연구개발, 즉 서태평양 지역 미사일 방위망 구축 프로젝트인 WESTTPAC 참가를 승인하였다.[20] 1988년 10월, 미일정상회담에서는 일본 측이 국산지원전투기 F-1의 후계기를 개발

---

20) Richard J. Samuels, *Securing Japan: Tokyo's Grand Strategy and the Future of East Asia* (Ithaca, N.Y.: Cornell University Press, 2007), p.91.

하는 차세대 전투기 사업에 대해 양국이 F-16을 모델로 공동개발에 착수한다는 합의가 이루어졌다(田中明彦 1997, 306-307). 이 같은 방식으로 무기수출금지 3원칙이 미국에 한해 예외적으로 적용되기 시작한 1983년부터 2005년까지 일본 기업에 의한 대미 군사기술 수출은 14건에 달할 정도로 활발하게 실시되었다. 일본 방위산업이 축적한 높은 수준의 군사기술과, 신냉전 시기의 안보상황이 일본의 방위산업으로 하여금 무기수출금지 3원칙을 포함한 비군사화 규범들이 설정한 장벽들을 넘어설 수 있게 한 것이다.

Ⅳ. 일본 방위산업의 성장과 비군사화 규범의 변화

1. 일본 방위산업의 성장과 한계

일본의 주요 방위산업체는 미츠비시 중공업, 가와사키 중공업, 미츠비시 전기, NEC 등이다. 이들 업체들은 냉전기와 탈냉전기를 거치면서 방위성이 발주하는 전차, 함정, 항공기 등 주요 무기장비의 생산, 공급을 담당하면서 생산되는 무기의 종류나 수준 면에서 국제적인 경쟁력을 길러왔다. 다음 〈표 1〉은 2006~2011년간 방위청(2007년 이후 방위성)이 발주한 방위사업을 수주한 일본 내 10개 방산업체 현황과, 각 회사별로 방위청 출신자의 재취직 현황을 나타낸다.

〈표 1〉에서 나타나듯 일본 최대의 방산업체는 미츠비시 중공업이다. 미츠비시 중공업은 육상, 해상, 항공자위대의 주요 장비 생산에 모두 관여하고 있다. 전차, 탄약, 화약 등 육상자위대 주요 장비들의 생산은 물론, 74식 전차, 90식 전차, 그리고 2010년부터 배치되기 시작한 신형 10식 전차의 제조를 계속 담당해 왔다.[21] 나고야에 소재한 유도추진시스템 제작소에서는 육상자위대가 운용하는 88식 지대함 유도탄을 생산하였고, 지대공 유도

〈표 1〉 2006~2011년간 방위사업 수주 10개사[22]

회사명	계약액	방위성 재취직자
미츠비시 중공업	1조 7,308억 엔	70인
미츠비시 전기	7,690억 엔	64인
가와사키 중공업	7,538억 엔	33인
NEC	5,266억 엔	26인
후지츠	2,781억 엔	21인
도시바	2,163억 엔	22인
고마츠	2,073억 엔	22인
IHI(이시카와지마하리마 중공업)	1,846억 엔	23인
히타치 제작소	1,207억 엔	21인
후지중공업	1,033억 엔	13인

탄 패트리어트 등의 장비 생산도 담당하고 있다(朝日新聞 2011.10.24). 전전(戰前) 시기에 전함 무사시 등을 건조한 경험이 있는 미츠비시 중공업은 전후에도 해상자위대 주력 호위함 및 잠수함의 공급을 담당하고 있다. 나가사키 조선소에서 콩고급 및 아타고급 이지스함을 건조하였고, 고베 조선소에서는 1999년 이후 미치시오형 잠수함을 생산하여, 해상자위대에 공급하고 있다.[23] 항공자위대의 주력 전투기도 미츠비시 중공업이 미국 방산업체와의 라이선스, 혹은 독자개발 방식으로 생산 및 제조를 담당해 왔다. 1950년대 중반부터 미국과의 협력하에 항공자위대의 주력 기종으로 활약한 F86 전투기, F104 전투기, F4전투기의 라이선스 생산을 담당해온 미츠비시 중공

21) 미츠비시 중공업이 담당하는 전차 생산과 관련되는 하청기업은 총 1,300개사 이상이다.

22) 이 표는 『朝日新聞』 2012년 9월 14일 기사를 재정리한 것이다.

23) 『朝日新聞』(2010.9.6). 잠수함은 미츠비시 중공업과 가와사키 중공업이 교대로 매년 1척씩 건조하고 있다. 江畑謙介, 『日本の軍事システム』(講談社, 2001), p.225.

업은 이후에도 기술을 축적하여 1977년 이후에는 F-1 지원전투기를 국내 생산한데 이어 1980년대에는 F15 전투기의 라이선스 생산, 80년대 후반부터는 미국과 공동개발한 F-2 지원전투기의 생산을 담당해 왔다. 미츠비시 중공업은 SH 60 헬기 등의 생산도 담당하고 있고, 2011년 12월에 미국으로부터의 도입이 결정된 제5세대 F-35 전투기의 부품 제조도 담당하게 될 예정이다(朝日新聞 2012.12.21 및 2013.8.22). 미츠비시 중공업은 1998년부터 미국과의 공동개발이 결정된 미사일 방어체제 사업에도 탄도미사일 탐지 기술이나, 제2단계 로켓 개발 등에 관여하고 있고, 2005년 이후에는 일본우주개발기구가 담당해온 H2A 로켓의 개량 및 발사도 인수하여, 우주기술개발에도 활동 영역을 넓히고 있다(朝日新聞 2008.1.4).

미츠비시 중공업에 이은 제2위 혹은 제3위권의 방산업체로는 미츠비시 전기가 평가되고 있다. 미츠비시 전기는 주로 중거리 지대공 유도탄, 정찰위성, 레이더 개발 등이 주력 업종이다. 2009년도에 미츠비시 전기는 방위성으로부터 총액 339억 엔에 중거리 지대공 유도탄 설계사업을 수주하였다. 또한 2002년도 이후 미츠비시 전기는 내각위성정보센터의 발주를 받아, 총액 2,400억 엔 규모로 정보수집위성 개발을 담당해 왔다(朝日新聞 2012.1.28). 현재 일본이 운용하고 있는 총 4기의 정보수집위성은 미츠비시 전기가 개발한 것으로 보여진다. 이러한 위성개발기술을 바탕으로 2002년 이후 미츠비시 전기는 히타치제작소, 도요타 자동차 등과 함께 일본판 GPS 체제인 준천정(準天井) 시스템 개발에도 참가하고 있다(朝日新聞 2004.11.15). 2013년 4월, 일본 내각부는 준천정위성과 병용하는 정지위성 1호기 개발을 502억 엔에 미츠비시 전기에 발주한 바 있다(朝日新聞 2013.4.2). 이외에 미츠비시 전기는 레이더 개발 등의 사업도 방위성으로부터 수주하고 있다.

이외에도 가와사키 중공업, NEC, IHI, 후지 중공업 등의 업체가 방위청으로부터 주요 무기개발 사업을 수주해 왔다. 가와사키 중공업은 1999년 이후 육상자위대가 운용하는 정찰헬기 OH-1을 생산해 왔으며, 해상자위대에 대해서도 P-3C 초계기를 라이선스 생산해 왔고, 1998년 이후에는 오야시오형 잠수함도 생산해 왔다. 이시카와지마하리마 중공업(IHI)은 이지스함 건조 및 전투기 엔진 등의 생산에 관여해 왔다. 후지 중공업은 1982년 이후 전투헬기 AH-1S 의 라이선스 생산을 담당했고, 2002년 이후에는 역시 라이선스 생산방식으로 전투헬기 AH-64D를 생산해 왔다(朝日新聞 2009.9.5).

이 같은 일본방위산업계는 무기수출금지 3원칙 등 비군사화 규범의 제약 속에서도 매출액 규모 면에서 세계 정상급의 군수산업체와 비교하여 적지 않은 성과를 거두고 있는 것으로 보여진다. 〈표 2〉는 2012년 기준으로 일본 주요 방산업체들의 세계 순위를 보여주고 있다. 〈표 2〉에 의하면 2012년 기준으로 세계 100대 방산기업에 일본 방산업체 총 6개 기업이 진입해 있으며, 50위 이내에도 미츠비시 중공업과 NEC 등 2개 기업이 포함되어 있음을 알 수 있다.[24)]

다만 1990년대 후반 이후 일본 방위산업체들은 몇 가지 문제에 직면하게 되었다. 우선 외부적으로는 방위예산의 제약에 따라 방위성에서 발주하는

〈표 2〉 일본 주요 방산기업의 글로벌 순위

(2012년 방산매출 기준, 단위: 백만 달러)

SIPRI 순위	기업	주력 방산분야	방산매출	전체 매출	방산비중 (A/B)
29위	미츠비시 중공업	전투기, 잠수함, 미사일	3,010	35,316	8.5
45위	NEC	IT, 위성시스템	2,050	38,497	5.3
51	가와사키 중공업	수송기, 초계기, 헬기	1,860	16,154	11.5
55	미츠비시 전기	통신위성, 레이더, 유도탄	1,554	44.708	3.5
56	DSN		1,530	2,550	60.0
76	IHI	전투기, 항공기 엔진	940	17,546	5.4

* SIPRI, The SIPRI Top 100 arms-producing, and military services companies in the world (excluding China, 2013)

24) 비교하여 한국 방산업체 가운데에는 삼성테크윈, KAI, LIGNex1, 한화 등 4개 업체가 100대 기업에 들어가 있으나, 50위권 안에는 전무하다. 『일본의 우경화 경향과 방위산업의 발전전망』(산업연구원, 2014)에 의함.

방산장비의 획득예산 규모가 지속적으로 감소되었고, 내부적으로는 방위산품의 생산단가 상승이라는 문제에 직면하고 있다. 이러한 곤란에 직면하여 일본 방위산업체들은 2000년대를 전후로 방위산업체 간의 사업통합을 추진하여 제조경비를 절감하려는 모습이 나타나기도 했다. 예컨대 1995년 이시카와지마하리마 중공업과 스미토모 중공업이 군함 건조 사업을 이시카와지마하리마(IHI)로 통합했으며, 2002년 10월에는 NKK와 히타치가 군용조선 부문을 통합했다. 또한 일부 기업들은 방위산업 분야에서 철수를 단행하기도 하였다. 90년대 후반 이후 방위업체들과 방위성 관료들 간에 수주를 둘러싸고 로비 등의 유착 관계가 심화된 것도 이 시기 방위업체들이 직면하고 있는 경영상의 곤란을 간접적으로 보여주는 사례들로 볼 수 있다.[25] 일본 방산업체들은 2000년대 들어와서 경영상의 곤란을 타개하기 위해 다양한 방면으로 자구책을 강구하게 되었으며, 그 방편의 하나로서 무기수출금지 3원칙의 완화, 혹은 전면적 해제요구를 본격적으로 제기하게 되었다.

2. '무기수출금지 3원칙'의 수정 요구와 확산

비군사화 규범 가운데 하나인 '무기수출금지 3원칙'의 폐지 및 완화를 주장하는 여론은 일본 국내에서 1980년대에도 존재했다. 예컨대 에토 준, 가타오카 데츠야, 시미즈 이쿠타로, 나카가와 야츠히로 등은 중국에 대항할 수 있는 무기체계의 건설을 주장하며, 그 일환으로 무기수출금지 3원칙의 폐지를 주장한 바 있다.[26] 그러나 경제단체들에 의해 무기수출금지 3원칙 등에 대한 수정 요구가 본격적으로 제기된 것은 일본 방산업체들이 경영상의 곤란에 직면하게 된 1990년대 후반부터인 것으로 보인다.

25) Christopher W. Hughes, *Japan's Remilitarization* (London: The International Institute for Strategic Studies, 2009), pp.69-73.

26) 마이크 모치즈키는 이들을 일본판 골리스트(Gaulist)로 부르고 있다. Mike Mochizuki, op.cit, p.167.

대표적인 경제단체인 경제단체연합회(경단련)는 1995년에 공표한 보고서에서 방위예산 감소로 방산기업 경영상황이 악화되고 있음을 지적하고, 이를 타개하기 위한 대책의 일환으로 미국과의 공동개발 및 생산 확대를 제언하였다. 경단련은 2000년도에도 다시 관련 보고서를 공표하여 미국 및 기타 국가와의 방산분야 공동개발 및 생산을 원활하게 할 수 있는 환경 정비가 필요하다고 역설하였다.[27] 2004년 7월, 경단련은 보다 직접적으로 무기수출금지 3원칙에 의해 일본 방산업체들이 해외무기개발 추세를 따라잡지 못하는 상황이 지속되고 있다고 지적하면서, 무기수출금지 3원칙의 완화를 제언하였다.[28]

일본경단련은 2009년 및 2010년에 각각 공표한 보고서들을 통해서도 무기수출금지 3원칙에 의해 일본 방위산업체들이 국제공동개발에 참가하지 못하는 것은 '기술적 쇄국상태'에 다름아니라고 주장하면서, '무기수출금지 3원칙'을 완화하여 방산업체들이 미국 등 구미 국가들 관련업계와 공동개발 및 생산 등을 행하고, 그 성과물의 제3국 이전 및 라이선스 제공국으로의 생산품 수출이 가능해져야 한다고 제언하였다.[29] 일본경제단체연합회는 '무기수출금지 3원칙'의 완화뿐 아니라 또 다른 비군사화 규범인 '우주의 평화적 이용원칙'이 2008년 우주기본법 제정을 통해 수정된 것도 환영하였다. 즉 경제단체연합회는 2010년 4월 12일에 공표한 「국가전략으로서의 우주개발이용의 추진을 위한 제언」에서 일본의 방위산업체들이 2008년 성립된 우주기본법에 따라 안전보장 목적의 우주이용, 즉 군사위성의 발사를 적극

---

27) 經團連, 「新時代に対応した防衛力整備計画の策定を望む」(1995) 및 「次期中期防衛力整備計画についての提言」(2000). 이들 보고서들 내용은 『일본의 우경화 경향과 방위산업의 발전전망』(산업연구원, 2014)에서 재인용.

28) 經團連, 「今後の防衛力整備の在り方について: 防衛生産·技術基盤の強化に向けて」(2004. 7). 다른 경제단체인 경제동우회는 2003년 4월에 헌법 개정 및 집단적 자위권 재검토 등을 주장한 바 있다. 經濟同友會 憲法問題調査會意見書, 『自立した個人, 自立した國たるために』(2003.4)(http://doyukai.or.jp/database/teigen/030421).

29) 日本経済団体連合会, 「我が国の防衛産業政策の確立に向けた提言」(2009) 및 「新たな防衛計画の大綱に向けた提言」(2010.7.20).

적으로 실시하면서 우주산업의 발전도 견인해야 한다고 요청한 것이다.[30)]

이 같은 경제단체들의 비군사화 규범 수정 요구, 특히 '무기수출금지 3원칙'의 완화 요구에 자민당과 민주당 등 일본 정치세력들도 호응하였다. 2004년 1월, 자민당 중진이기도 한 이시바 시게루 방위청장관은 헤이그에서 행한 연설에서 무기수출금지 3원칙의 부분적 해제를 언급하였다. 그는 이러한 조치가 미국 및 다른 국가들과의 무기공동생산을 촉진할 수 있게 한다고 지적하였다. 2009년 6월 9일, 당시의 집권당이었던 자민당 국방부회 방위정책검토소위원회는 "새로운 방위계획대강" 제정을 위한 초안을 발표하였는데,[31)] 이 문서에서도 일본 내 방위산업 업체들의 국제무기거래 참가 확대를 가능케하는 무기수출금지 3원칙의 수정 등이 포함되었다.

2009년 9월, 야당이었던 민주당이 자민당을 대체하여 정권을 장악하였다. 그런데 민주당도 무기수출금지 3원칙에 대해서는 자민당과 마찬가지로 개정의 필요성을 주장하기 시작했다. 2010년 5월 8일, 민주당 소속 의원으로서 방위성의 정무관을 역임하던 나가시마 아키히사(長島昭久)는 방위산업체에서 무기수출금지 3원칙이 국제공동개발을 저해하고 있다는 의견이 대두하는 것에 귀를 기울여야 한다고 주장하였다(朝日新聞 2010.5.8). 2010년 8월에는 민주당 정부가 조직한 안보정책 관련 자문기구인 "새로운 시대의 안전보장과 방위력에 관한 간담회"가 보고서를 발표하였는데, 이 보고서에서도 여러 방위정책에 관련한 제언들을 포함하면서, 동맹국인 미국은 물론 지역 내에서 한국 및 호주 등과 안보협력 파트너 관계를 강화해야 하는데, 그 일환으로 종전에 견지되어온 무기수출금지 3원칙을 완화하여 타국에의 무기공여와 수출도 가능하게 해야 한다고 주장하였다.[32)] 민주당 외교안전보장조사회는 2010년 11월 29일, 방위계획대강에 대한 당의 기본자세와 6

---

30) 日本経済団体連合会, 「国家戦略としての宇宙開発利用の推進に向けた提言」(2010.4.12).

31) 自由民主黨 政務調査會 國防部會 防衛政策檢討小委員會, 「提言: 新防衛計劃の大綱について: 國家の平和·獨立と國民の安全·安心確保の更なる進展」(2009.6.9).

32) 新たな時代の安全保障と防衛力に関する懇談会, 『新たな時代における日本の安全保障と防衛力の将来構想: 「平和創造国家」を目指して』(2010.8).

항목의 제언 사항을 발표하여, 집권당의 입장에서 향후 방위계획대강에 대한 주문을 추가하였다.[33] 이 제언에서도 민주당은 국제평화활동을 촉진한다는 관점에서 무기수출금지 3원칙을 완화할 것을 제안한 바 있다.[34]

그런데 2010년 12월에 공표된 방위계획대강 2010에는 당시 간 나오토 수상의 결정에 의해 무기수출금지 3원칙에 대한 언급이 포함되지 않았다. 당시 민주당은 사민당과의 정책연립을 유지한 상태였는데, 사민당에 대한 자극을 피하기 위해 이 원칙에 대한 개정의 방침을 담지 않았던 것이다. 그러나 방위계획대강이 공표된 이후에도 무기수출금지 3원칙의 변경을 요구하는 제언이 계속적으로 제기되었다. 2011년 7월 6일에는 방위성의 자문기구로서 시라이시 다카시(白石隆) 등 주로 학자들로 구성된 방위생산기술기반연구회에서 무기수출금지 3원칙이 무기의 국제공동개발 및 생산에 제약이 되고 있음을 지적하면서, 이 원칙의 개정을 제언하였다(朝日 2011. 7.7). 동년 10월 13일에는 민주당의 실력자인 마에하라 세이시(前原誠司) 정조회장이 기자회견을 통해 무기수출금지 3원칙을 개정하여, 전투기 등 국제공동개발 및 공동생산이 가능하도록 해야 한다고 주장하기도 하였다(朝日 11.10.14). 이같이 2000년대 이후에는 경제계뿐 아니라 자민당과 민주당을 중심으로 한 정치인들이 여러 경로를 통해 무기수출금지 3원칙의 해제 혹은 완화를 주장하기에 이르렀다.

한편 일본의 동맹국인 미국에서도 무기수출금지 3원칙의 수정을 요구하는 의견이 지속적으로 제기되었다. 1998년 이후 미국은 일본과 미사일방어체제 공동연구를 시작하면서, 일본의 첨단제조업 기술을 적극 활용하기를 기대하였다. 이러한 입장에서 일본 국내규범이었던 무기수출금지 3원칙이 완화되어, 미국으로의 군사관련 기술 이전이 촉진되기를 희망하였다. 2000년 10월, 리처드 아미티지와 조셉 나이 등이 주도적으로 작성한 초당파 보

---

33) 이 자료는 『朝雲新聞』 2010년 12월 2일 기사에서 참조.

34) 민주당 정권의 기타자와 방위상은 2010년 11월 30일, 미츠비시 중공업 등 방위산업 간부들과 면담을 가졌다. 이 회의 석상에서 방위산업측은 무기수출금지 3원칙의 개정을 강력하게 건의하였다고 한다. 『朝日新聞』 2010년 12월 1일 기사 참조.

고서는 미일동맹이 미영동맹을 모델로 계속 발전해 가야 한다고 주장하면서, 그를 위해 향후 일본에 집단적 자위권이 허용되어야 하고, 미일 간에 정보와 군사기술 공유 등이 추진되어야 한다고 제언하였다(Kenneth Pyle, 351). 2007년 공표된 아미티지-나이 리포트에도 일본의 대미 무기수출금지 해제가 요청되었다.

미츠비시 중공업 등 일본의 대표적인 방위산업체들과 보잉 등 미국의 방위산업체들이 1996년 이래 결성한 "안보협력을 위한 미일방위산업포럼(US-Japan Industry Forum for Security Cooperation)"도 공동무기생산을 촉진하기 위해 일본의 무기수출 관련 규범의 해제를 지속적으로 요청하였다(Christopher Hughes 2009, 75).

이러한 제언에 기반하여 미일 양국은 공동보유한 군사기술 및 장비의 제3국 이전에 관해서도 적극적으로 논의하였다. 그 결과 2011년 6월, 미일 양국은 공동개발하고 있던 해상배치형 요격미사일 SM-3 Block 2A를 일정한 조건하에 제3국으로 이전한다는 것을 인정한다고 합의, 발표하였다. 물론 이 같은 기술 및 장비 이전에는 몇 가지 단서조항이 붙어 있다. 예컨대 일본의 안전보장에 도움이 되는 경우, 국제 평화 및 안보에 도움이 되는 경우, 제3국이 재이전을 방지할 수 있는 충분한 정책을 갖고 있는 경우 등이 그것이다(朝日新聞 2011.6.23).

지금까지 일본의 방산업체, 일본의 정치권, 그리고 미일동맹 차원에서 일본의 비군사화 규범, 특히 무기수출금지 3원칙에 대한 수정 요구가 2000년대 이후 활발하게 제기되고 있음을 살펴보았다. 〈표 3〉은 지금까지의 논의를 요약하여, 일본 방위산업계, 일본 정치권, 그리고 미국 조야 등에서 무기수출금지 3원칙의 수정을 요구하는 의견들이 언제, 누구를 통해 제기되었는가를 보여주고 있다. 이를 보면 일본 방위산업계의 선제적인 요구에 대해 일본 정치권과 미국 조야가 이를 수용하면서, 무기수출금지 3원칙에 대한 정책변화의 흐름이 형성되었음을 확인할 수 있다.

이러한 내외에서의 요청을 바탕으로 2011년 12월 27일, 민주당의 노다 정권은 '평화구축과 인도주의적 목적'이라면 예외적으로 무기수출을 인정하

〈표 3〉 무기수출금지 3원칙의 수정 및 변화에 대한 요구의 제기 경로

	방산업체	일본 정치권	미국 등 국제요인
1990년대	1995, 경단련 보고서		1996, 미일방위산업포럼
2000~2005년간	2000, 경단련 보고서 2004, 경단련 보고서	2004, 이시바 방위청장관	2000, 아미티지-나이 리포트
2006~2011년간	2009, 경단련 보고서 2010, 경단련 보고서	2009, 자민당 국방부회 2010, 민주당 외교안보조사회	2007, 아미티지-나이 리포트

고, 공동개발 및 생산을 미국 이외의 국가에도 확대한다는 '무기수출금지 3원칙'의 완화결정을 관방장관 담화를 통해 발표하였다.[35] 그 연장선상에서 2012년 12월 집권한 자민당의 아베 정권도 2013년 3월 1일, 미국과의 라이선스 방식으로 일본에서 생산될 F-35 전투기의 부품 수출을 무기수출금지 3원칙의 예외로 한다는 담화를 발표하였다(朝日新聞 2013.3.2). 그리고 2014년 4월 1일에는 무기수출금지 3원칙을 폐지하고, 새롭게 '방위장비이전 3원칙'을 각의 결정하였다. 새로운 원칙에 따르면 향후 일본은 대인지뢰금지조약 위반국이나, 유엔 결의로 무기 수출이 금지된 북한과 이란 등을 제외하고는, 국가안보회의의 심사를 거쳐 일정한 조건을 충족하면 해외 무기수출을 인정하도록 하였다. 이로써 종전 비군사화 규범의 한 축을 이루었던 '무기수출금지 3원칙'은 사실상 폐지되고, 일본은 앞으로 미국 및 여타 우방국가들과 공동으로 무기를 개발하고, 생산하고, 이를 대외적으로 수출하는 데 별다른 제약을 받지 않게 되었다.

35) "Japan relaxes its ban on export of military equipment," *International Herald Tribune*, December 28, 2011.

V. 무기수출금지 3원칙 폐지 이후 일본 방위산업 전망

무기수출금지 3원칙의 폐지 및 새로운 원칙의 공표는 향후 일본의 방위산업 및 방위정책, 그리고 일본의 대외방산협력에 상당한 영향을 미칠 것으로 전망된다.

첫째, 일본 국내적으로는 무기수출금지 3원칙의 폐지는 일본 방위산업의 기술적 경쟁력을 한층 발전시키는 데 큰 계기가 될 것으로 보인다. 이미 일본 방위산업은 육해공 자위대에 공급하는 주요 장비들의 상당수를 국산화하고 있고, 그 기술은 상당한 수준으로 평가된다. 이미 국산화에 성과를 거둔 육상자위대의 10식 전차, 해상자위대의 이지스함 및 잠수함, 항공자위대의 F-2 지원전투기, 이외에 미사일방어체제 및 정찰위성 등은 세계적 기술수준을 갖고 있는 것으로 평가된다. 이에 더해 일본 방산업체들은 방위성의 발주를 받아 기술연구본부 및 미츠비시 중공업이 중심이 되어 제5세대 스텔스 전투기를 독자적으로 개발을 추진하고 있고, 기존의 C-1 수송기를 대체하는 신형수송기, 그리고 무인비행기 개발도 서두르고 있다(朝日新聞 2012.3.29). 또한 해상자위대가 운용하고 있는 P-3C 초계기의 후계기로 운용될 항속거리 8,000킬로미터의 국산 초계기 P-1도 개발하고 있다(Christopher Hughes, 45). 일본경단련은 2008년 우주기본법 제정 이후 방위목적의 조기경계위성, 정찰위성, 전파정보수집위성 등 군사위성을 개발할 계획을 추진하고 있다(朝雲新聞 2012.12.6). 무기수출금지 3원칙의 폐지는 이 같은 일본 방위산업계의 주요 무기 국산화 개발 추세를 추동시키는 원동력이 될 것으로 보인다. 향후 기술 진보 및 안보상황 변화 여하에 따라서는 일본 방위산업계가 '공격용 무기 비보유 원칙' 등 여타의 비군사화 규범에 대해서도 수정을 요구할 가능성도 배제할 수 없다.

둘째, 무기수출금지 3원칙의 폐지와 병행하여 일본은 무기의 소요제기 및 연구개발과 관련되는 방위정책 체계를 대폭 변경할 계획이다. 기존 일본의 무기체계획득은 각 육해공 자위대가 신규 무기에 관한 소요를 제기하고, 방위성 기술연구본부가 기술개발을 담당하고, 방위성의 경리장비국이 이러한 프로세스를 관할하는 복잡한 체계를 갖고 있었다. 그런데 이러한 체제를 변경하여 무기의 연구개발과 대외획득 등을 일원적으로 관리하고, 무기의 해외공동개발과 수출 촉진 등의 새로운 임무를 수행하기 위해, 일본은 방위성 산하기구로서 '방위장비청' 설립을 추진하고 있다.[36] 방위장비청은 육해공각 자위대의 장비부, 방위성의 장비경리국, 그리고 기술연구본부를 포괄하는 총 1,800명 규모의 조직으로 구성되며, 관할하는 예산은 총액 2조 엔(200억 달러) 규모가 될 것으로 보여진다. 이러한 목적에 따라 2015년 3월, 아베 내각은 방위장비청 신설을 주요 내용으로 포함하는 방위성설치법 개정안을 각의 결정하여 국회에 제출했으며, 지난 6월에 이 법안이 참원 본회의에서 가결되었다.[37] 이 개정법안에 따라 2015년 10월에 방위장비청이 발족될 예정이다.

셋째, 무기수출금지 3원칙의 폐지는 미일동맹을 군사기술협력의 차원에서 더욱 공고하게 만드는 결과를 초래할 것이다. 미국과 일본은 이미 추진 중인 탄도미사일 방어체제의 공동개발을 더욱 적극적으로 추진할 뿐 아니라 향후의 군사장비 개발 사업에도 공동협력할 수 있는 기반을 갖게 되었다. 우선 2011년 연말에 결정된 차세대전투기 F-35 도입과 관련하여 미츠비시 중공업 등 일본업체들의 대미 기술공동개발 및 이전 등이 활발하게 촉진될 것으로 전망된다. 2014년 12월, 미국 정부는 F-35기의 아시아지역 정비거점을 일본과 호주에 설치하도록 결정하면서, F-35의 기체 정비거점은 미츠비시 중공업의 아이치현 공장에서, 엔진은 IHI의 동경공장이 맡도록 하였다(朝日新聞 2014.12.19). 이러한 조치는 일본 방위산업의 기술 발전에 이어질 뿐 아니라, 미일 간 군사기술 협력을 공고히 하는 효과를 가져올 것으로 보인다.

미일 간 군사기술 협력의 지침과 방향은 올해 들어 공표된 미일 간 2+2의

---

36) 방위장비청은 우리의 방위사업청과 비견될 수 있다.

37) 『朝日新聞』 2015.2.18/2015.3.7/2015.6.11 기사 각각 참조.

공동서명, 그리고 신가이드라인에 의해서도 확인되고 있다. 2015년 4월 27일, 미일 양국의 외교 및 국방장관이 참가한 가운데 개최된 양국 2+2, 즉 안전보장협의공동위원회는 공동성명을 발표하여, 2014년 7월까지 일본 정부가 취한 집단적 자위권 용인뿐만 아니라 무기수출금지 3원칙의 폐지와 그를 대체한 장위장비이전 3원칙의 제정을 환영한다고 밝혔다.[38] 이와 같은 날 발표된 미일 신가이드라인도 향후 미일 간에 방위장비 및 기술 분야에서도 협력을 확대하기로 하였으며, 구체적으로 우주 및 사이버 공간의 방어에 필요한 군사기술을 협력 항목에 포함시켰다.[39]

넷째, 이번 무기수출금지 3원칙의 완화로 일본은 나토 국가들 및 호주, 그리고 동남아 국가 등 기존 안보협력관계를 구축해온 나라들과의 대외안보 협력이 보다 확대될 것으로 전망된다. 일본은 이들 국가들에 선진 군사기술을 제공하거나, 경우에 따라 일본제 무기의 판매도 가능해질 것으로 전망된다.

무기수출금지 3원칙 완화 결정 이후 영국, 프랑스, 호주 등 구미 각국은 다각도로 일본과의 방산협력을 모색하고 있다. 2012년 4월, 영국 카메론 수상은 당시의 노다 수상과 회담을 가졌고, 2013년 5월, 하몬드 국방상은 일본 측 기시다 방위상과 회담을 각각 가지면서, 향후 양국이 화학방호복 및 함선엔진 등을 공동개발하기로 합의하였다(朝日新聞 2012.4.11 및 2013.5.23). 2015년 1월 21일, 일본과 영국은 최초의 외교 및 국방각료 회의를 갖고, 방위장비품 분야에서의 협력추진을 도모하면서, 특히 양국 공동으로 공대공 미사일을 연구하기로 합의하였다. 영국은 이 자리에서 일본이 개발

---

38) 岸田外務大臣。中谷防衛大臣。ケリー国務長官 カーター国防長官,「変化する安全保障環境のためのより力強い同盟」 Minister for Foreign Affairs Kishida, Minister of Defense Nakatani, Secretary of State Kerry, Secretary of Defense Carter, Joint Statement of the Security Consultative Committee(2015.4.27).

39) 신가이드라인은 우주분야에서 미일 간 기술협력 항목으로 조기경계, ISR, 측위, 항법, 우주상황감시, 기상관측, 지휘통제통신에 불가결한 우주시스템 확보 등의 분야를 열거하고 있다.「日米防衛協力のための指針: *The Guidelines for Japan-U.S. Defense Cooperation*」(2015.4.27.)(www.mofa.go.jp).

하고 있는 최신예 해상초계기 P1에 대해 관심을 보이기도 하였다(朝日新聞 2015.1.22).

2015년 3월 13일, 일본은 프랑스와 외교 및 방위장관이 참가하는 2+2 회담을 열고, 방위장비의 공동연구와 개발을 위한 정부간 협정에 서명하였다(朝日新聞 2015.3.13/3/14). 이 협정에서 양국은 무인잠수정 기술을 공동연구하기로 하였다.

프랑스 이외에 호주도 일본의 잠수함 기술에 관심을 갖고 있다. 호주는 기존에 보유한 노후 잠수함 6척을 2030년대까지 신형 잠수함 12척으로 대체하려는 계획을 추진하고 있는데, 그러한 관심에서 일본의 정숙성이 뛰어난 디젤형 소류급 잠수함 도입 가능성을 검토하고 있다. 2012년 5월, 호주의 해군관계자들이 쿠레 기지를 방문하여 소류급 잠수함에 대한 시찰을 실시하였고, 2014년 일본을 방문한 애보트 수상도 관련 협의를 실시하였다(朝日新聞 2013.1.27). 2014년 10월 16일, 일본과 호주 국방상 간의 회담에서 호주 존스턴 국방상은 신형 잠수함 개발 계획에 대한 일본의 기술협력을 요청하기도 하였고, 동년 11월 16일 호주에서 개최된 미국, 호주, 일본 정상회담에서는 3개국 간의 군사훈련 실시와 방위기술협력이 합의되기도 하였다(朝日新聞 2014.10.17/11.17).

일본의 방위장비들에 대해서는 베트남, 필리핀, 말레이시아, 예맨 등 동남아 및 중동 지역 국가들도 강력한 관심을 보이고 있다. 중국과의 해상영유권 분쟁을 벌이고 있는 필리핀은 연안 경비 강화를 위해 2012년 12월, 일본에 대해 해상순시선 공여를 정식 요청하였으며, 일본 측은 무기수출금지 3원칙 완화 및 폐지가 결정됨에 따라 2013년 5월, 기시다 외상이 필리핀 외상과 회담을 갖고 순시선 조기 공여에 합의하였다(朝日新聞 2013.5.23). 2015년 6월 4일, 아베 수상은 아키노 필리핀 대통령과 회담을 갖고 무기수출을 위한 협정 교섭을 개시할 것에 합의한 바 있다(朝日新聞 2015.6.5). 필리핀과 마찬가지로 중국과의 해양영유권 분쟁을 벌이고 있는 베트남도 일본의 해상무기체계에 관심을 보이고 있다.

일본은 중국이 영향력을 확대하려는 인도와 서남아 국가들과의 방위산업

물자와 기술 협력을 추진하고 있다. 2014년 9월 1일, 일본-인도 정상회담에서 양국은 일본의 구난비행정 US-2의 수출과 기술협력에 관한 논의를 실시하기로 합의하였고, 이어진 스리랑카와의 정상회담에서도 일본 순시선 공여가 논의된 바 있다(朝日新聞 2014.9.1/9.6).

다섯째, 구미 국가들 및 동남아 국가들과의 방산협력 및 수출이 본격적으로 개시되게 된다면, 국제무기시장에서 일본의 국제적 위상이 높아질 것으로 전망된다.

2009~2013년간 국제무기거래의 추이를 살펴보면, 미국이 단연 최대의 무기수출국 위상을 보이고 있는 가운데, 러시아, 프랑스, 독일, 그리고 중국이 주요 무기수출국의 지위를 유지하고 있다.[40] 2010~2014년간 국제무기거래 추이에서는 미국(31%), 러시아(27%), 중국(5%), 그리고 독일, 프랑스, 영국 등의 순으로 무기수출이 이루어졌다.[41] 만일 일본이 국제무기시장에 본격적으로 뛰어들게 된다면 기술적 잠재력으로 보아, 프랑스나 독일에 버금가는 수출국으로 부상하게 될 것으로 전망된다. 2014년 12월18일, 방위성은 방위장비 및 기술이전 관련 과제들에 대한 제1차 검토회의를 개최하였다. 이 회의에서는 방위장비의 해외수출 확대 방안, 방위산업 육성을 위한 금융지원 방안 등을 논의하여 2015년도 내에 정책 제언을 공표하기로 하였다(朝日新聞 2014.12.19). 무기수출금지 3원칙이 폐지된 직후인 2014년 6월 16일, 파리에서 개최된 육상무기 국제전시회에는 최초로 일본의 방위산업체 13개사가 참가하여 일본제 무기를 선보이기도 하였다(朝日新聞 2014.

40) 이와 관련된 최근 외신 기사로는 Thom Shanker, "Bad Economy Drives Down Arms Sales," *New York Times* (September 13, 2010); Thom Shanker, "Unprecedented U.S. arms sales driven by worried Gulf nations," *International Herald Tribune* (August 28, 2012); Zhang Yiwei, "China No.4 in global arms sales," *Global Times* (March 18, 2014) 등을 참조. 이들 자료에 의하면 2011년 시점에서 주요국의 무기수출액은 미국 663억 달러, 러시아 48억 달러, 프랑스 44억 달러, 중국 21억 달러였다.

41) 스톡홀름 국제평화연구소의 통계를 보도한 다음 기사 참조. Austin Ramzy, "China rises in ranking as arms exporter," *International New York Times*, March 17, 2015.

6.17).[42] 향후에도 이 같은 일본 방산업체의 대외 수출 촉진 및 생산 장비의 국제홍보활동 등이 보다 확대될 것으로 보인다.

여섯째, 국제무기시장에서 일본의 위상이 높아질 경우, 중국 및 북한 등 아시아 지역에서 일본이 잠재적인 위협으로 간주해온 국가들과의 갈등 관계가 심화될 가능성이 있다. 일본 내 전략가들은 무기수출금지 3원칙 폐지에 따라 일본이 동남아 국가들에 대한 무기와 군사기술을 지원해서, 중국에 대한 대응능력을 강화시키고, 아시아 지역에서의 대중 세력균형 유지에 기여할 수 있기를 기대하고 있다.[43] 중국과 북한은 일본의 이러한 정책에 대해 반발하고, 그에 대한 대응조치를 취할 수도 있다. 중국 인민일보 논설위원인 딩강(Ding Gang)은 일본의 무기수출금지 3원칙 폐지가 중국을 견제하려 하는 것이며, 궁극적으로 미국에 대한 독자적 입지를 점하려는 의도를 갖고 있는 것이라고 우려를 표명하고 있다.[44]

Ⅵ. 맺는 말: 한국에의 영향과 대응방안

한편 일본의 무기수출금지 3원칙 폐지는 한일 간의 안보협력관계에도 여러 변화를 가할 것으로 예상된다. 한국 방위산업은 그간 자주포, 잠수함, 훈련기 등의 분야에서 기술력을 갖추면서, 2010년에는 12억 달러, 2011년

42) 이 가운데 구미 업계로부터 특히 관심을 모은 것은 미츠비시 중공업의 지대공 미사일 PAC2, 신메이와 공업의 구난비행정 US-2, 미츠비시 중공업과 가와사키 중공업이 생산하는 잠수함 등이었다고 전해진다.

43) 일본 정책연구대학원 대학 미치시타 나루시게 교수의 분석. Martin Fackler, "Japan ends longstanding ban on arms exports," *International New York Times* (April 2, 2014)에서 재인용.

44) Ding Gang, "Arms trade gives Tokyo more clout with US," *Global Times*, April 9, 2014.

에는 28억 달러의 대외 수출을 기록한 바 있다(조선일보 2011.10.11 및 朝日新聞 2011.12.6). 최근 2015년 3월 30일에도, 방위사업추진위원회는 2015년부터 2025년까지의 10년간에 걸쳐 총 사업비 18조 원을 투입하여 한국형 차세대 전투기 KF-X를 국제공동으로 개발한다는 계획을 확정한 바 있다(중앙일보 2015.3.31).

이러한 한국 방위산업에 대해 일본은 무기의 공동개발을 직·간접적으로 타진해 온 바 있다.[45] 이번 무기수출금지 3원칙의 폐지 결정은 일본의 이러한 입장을 보다 강화하게 만들 것으로 생각된다.

그러나 동시에 일본의 방위산업이 국제무기거래시장에 참여할 경우, 한국 방산업체와의 경쟁도 예상된다. 특히 개인용 화기, 함정, 전투기 등의 분야에서 양국 방산업계는 수출시장에서 경쟁할 가능성이 높다.

이같이 무기수출 3원칙 폐지 이후 예상되는 일본 방위산업의 국제무대 진출은 우리의 방위산업 및 안보정책에 긍정적 영향과 부정적 영향을 동시에 줄 것으로 생각된다. 그에 더해 국내에는 일본 아베 정부하의 안보정책 변화에 대한 부정적인 시각이 강력하게 존재한다. 우리로서는 무기수출 3원칙 폐지와 같은 일본 안보정책 변화를 선험적으로 예단할 것이 아니라, 향후 이러한 비군사화 규범의 변화가 초래할 일본 내외의 정세변화를 객관적으로 전망하면서 우리의 국익을 어떻게 극대화할 수 있는가를 모색해야 할 것이다.

---

45) 민주당 정부하에서 방위성 대신을 지낸 모리모토 사토시는 2011년 11월 8일, 동경에서 가진 세미나에서 필자의 질문에 대한 답변을 통해, '무기수출금지 3원칙'이 완화되거나 폐지되면, 한국과의 무기 공동개발 및 기술협력이 가능해질 것이라고 전망하였다.

❙ 참고문헌 ❙

김경민. 『어디까지 가나 일본 자위대』. 아침바다, 2003.
김진기. 『일본의 방위산업: 전후의 발전궤적과 정책결정』. 고려대 아연출판부, 2012.
박영준. "군사력 관련 규범의 변화와 일본 안보정책 전망." 『한일군사문화연구』 제14호. 한일군사문화학회, 2012.10.
산업연구원 보고서. 『일본의 우경화 경향과 방위산업의 발전전망』. 산업연구원, 2014.

天谷直弘. 「町人國・日本手代のくりごと」. 文藝春秋, 1980.3. 北岡伸一 編. 『戰後日本外交論集』. 中央公論社, 1995.
新たな時代の安全保障と防衛力に関する懇談会. 『新たな時代における日本の安全保障と防衛力の将来構想: 「平和創造国家」 を目指して』. 2010.8.
五十嵐武士. 『日米關係と東アジア: 歷史的文脈と未來の構想』. 東京大學出版會, 1999.
江畑謙介. 『日本の軍事システム』. 講談社, 2001.
經濟同友會 憲法問題調査會意見書. 『自立した個人, 自立した國たるために』. 2003.4. (http://doyukai.or.jp/database/teigen/030421).
佐道明廣. 『戰後日本の防衛と政治』. 吉川弘文館, 2003.
自由民主黨 政務調査會 國防部會 防衛政策檢討小委員會. 「提言: 新防衛計劃の大綱について: 國家の平和・獨立と國民の安全・安心確保の更なる進展」. 2009.6.9.
田中明彦. 『安全保障: 戰後50年の模索』. 讀賣新聞社, 1997.

Green, Michael J. *Arming Japan: Defense Production, Alliance Politics, and the Postwar Search for Autonomy*. New York: Columbia University Press, 1995.
Hughes, Christopher W. *Japan's Remilitarization*. London: The International Institute for Strategic Studies, 2009.

Johnson, Chalmers. *MITI and the Japanese Miracle: The Growth of Industrial Policy, 1925-1975*. Stanford University Press, 1982. 장달중 역. 『일본의 기적: 통산성과 발전지향형 정책의 전개』. 박영사, 1984.

Pyle, Kenneth B. *Japan Rising: The Resurgence of Japanese Power and Purpose*. New York: A Century Foundation Book, 2007.

Samuels, Richard J. *Securing Japan: Tokyo's Grand Strategy and the Future of East Asia*. Ithaca, N.Y.: Cornell University Press, 2007.

International Herald Tribune. 『朝日新聞』, 『朝雲新聞』 등 신문자료.

Reinventing the Arsenal:
Defense-Industrial Adaptation in Small States

Marc R. DeVore | University of St. Andrews

I. Introduction

Few factors have a greater impact on the international distribution of power than states' ability to develop and produce sophisticated weaponry. Indeed, a state's ability to autonomously fulfill its armaments needs with the products of domestic industry was traditionally considered a prerequisite for acting independently at the international level. States that lack this capacity are disadvantaged by their inability to develop equipment tailored to their particular needs and frequently handicapped by producing states' unwillingness to export their most sophisticated systems. To make matters worse, arms importers frequently find themselves subject to coercion by suppliers whenever their interests diverge, such as was the case for Israel in 1967, Iran in 1979 and Pakistan at numerous junctures.

For all of these reasons, most states have an embedded autonomy preference, preferring to develop and produce weaponry domestically even if doing so is more expensive than importing foreign systems. Consequently, states — even some relatively small ones — have sought to ascend a metaphorical "ladder of production" from weapons consumption to armaments production. Key to this model, sometimes likened to "a 'natural history' in the actualization of weapons system production" is the gradual importation, absorption and domestication of defense technology.[1] States begin by assembling foreign weapons under license and then seek to develop indigenous production and R&D capabilities by gradually increasing systems' local content and introducing indigenous modifications to foreign weapons. States from every continent pursued this model, generating four-fold increases in the value of arms produced by non-great powers between 1970 and 1990.[2]

Seeking to ascend the "ladder of production" towards defense-industrial self-sufficiency remains a popular strategy in Asia thanks to the incentives generated by growing economies and regional rivalries.[3] However, ongoing technological and economic changes are today allegedly undermining the ability of any but the largest states to play a substantial role in the defense sector. Within this context, technological changes have driven the costs of producing

---

1) J. Katz, "Understanding Arms Production in Developing Countries," in *Arms Production in Developing Countries*, James Katz, ed.(Lexington: D.C. Heath, 1984), p.8.

2) K. Krause, *Arms and the State: Patterns of Military Production and Trade* (Cambridge: Cambridge UP, 1992), pp.153-171.

3) See R. Samuels, *Rich Nation, Strong Army: National Security and the Technological Transformation of Japan* (Ithaca: Cornell UP, 1994); M-C Cho, *Restructuring of Korea's Defense Aerospace Industry Challenges and opportunities?* (Bonn: Bonn International Center for Conversion, 2003); and T.M. Cheung, *Fortifying China: The Struggle to Build a Modern Defense Economy* (Ithaca: Cornell UP, 2009).

military platforms upwards at a rate far faster (6-10 per cent per annum) than most economies have grown.[4] As part and parcel to this change, prime contracting firms have globalized their supply chains to such an extent that the import contents of major weapons are frequently upwards of 40 percent.[5] To absorb these financial risks necessitated by larger programs and manage globalized supply chains, American and European defense firms have engaged in waves of mega-mergers, generating firms with financial resources outstri-pping many medium-sized states' defense budgets.[6]

As a result of these changes, many have question whether any but the largest states can create or sustain meaningful defense industries. Hitherto dynamic arms exporters, such as Brazil, have virtually abandoned the production of armaments. Storied defense corporations in historic defense powerhouses, such as France's Nexter and DCNS, have endured decades on the brink of bankruptcy.[7] Even countries that appeared poised for defense-industrial growth, such as Japan, have suffered from project cancellations and industrial contraction.[8] Consequently, the most influential recent studies of arms production suggest that medium-sized states will be gradually

---

4) D. Kirkpatrick, "Trends in the costs of weapon systems and the consequences," *Defence and Peace Economics* 15/3(2004), pp.259-273.

5) P. Dowdall, "Chains, Networks and Shifting Paradigms: The UK Defence Industry Supply System," *Defence and Peace Economics* 15/6(2004), pp.535-550; and S. Brooks, *Producing Security: Multinational Corporations and the Changing Calculus of Conflict* (Princeton: Princeton UP, 2005), pp.84-128.

6) For example, Lockheed Martin's 2014 revenues ($46 billion) and assets ($37 billion) either equaled or exceeded the 2014 South Korea defense budget ($37 billion).

7) Y. Fromion and J. Diébold, *Rapport D'information sur la situation de Giat Industries* (Paris: Assemblée Nationale, 2002).

8) C. Hughes, "The Slow Death of Japanese Techno-Nationalism? Emerging Comparative Lessons for China's Defense Production," in *China's Emergence as a Defense Technological Power*, T.M. Cheung, ed.(London: Routledge, 2014), pp.157-185.

squeezed out of the market and that the development and production of major weaponry will be dominated by increasingly large "systems integrating" firms headquartered in great powers.[9)]

This study assesses whether the decline of non-great power defense industries is indeed inevitable and, if not, what impact ongoing defense-industrial change has on arms producing non-great powers.[10)] To this end, two small states' responses to defense-industrial transformation will be examined and compared. To preview the conclusions, structural changes in the production of armaments are indeed undermining states' ability to pursue high levels of defense-industrial autonomy via internally-driven growth strategies. However, even small states can sustain dynamic defense-industrial bases and both countries examined — Israel and Sweden — expanded their international competitiveness after restructuring and downsizing their arms industries.

Although these states' defense-industrial policies differed in important details, they converged in three critical respects. First, each state abandoned the pursuit of high levels of defense-industrial autonomy to focus on technological niches where they were internationally competitive. Secondly, both states embraced globalization by encouraging foreign direct investment (FDI) in their defense-industrial bases and/or liberalizing their arms export procedures.

---

9) A. Markusen, "The Rise of World Weapons," *Foreign Policy*, no.114(1999), pp.40-51; R. Bitzinger, *Towards a Brave New Arms Industry?* (Oxford: Oxford UP, 2003); and J. Caverley, "United States Hegemony and the New Economics of Defense," *Security Studies* 16/4(2007), pp.598-614.

10) This study is a distillation and expansion of two of my previous works. See M. DeVore, "Arms Production in the Global Village: Options for Adapting to Defense-Industrial Globalization," *Security Studies* 22/3(2013), pp.532-572; and M. DeVore "Defying Convergence: Globalisation and Varieties of Defence-Industrial Capitalism," *New Political Economy*, 20: 4(2015), pp.569-593.

Third and finally, national governments played an activist role in shaping industries' adaptation strategies in by developing initiatives to improve competitiveness in key niches and promoting sales. In sum, although the objective of self-sufficiency is beyond the reach of all by the largest states, even small and medium states can foster dynamic defense industries capable of contributing to their military security.

II. Case Selection

To examine the options states possess for adapting to the changing nature of arms production this study focuses on two small and medium states that had hitherto attained high levels of defense-industrial self-sufficiency. Because of their smaller internal markets, smaller states are more sensitive than larger ones to structural changes in the international economy. Under *ceteris paribus* conditions smaller states are therefore likely to experience competitiveness pressures sooner and adapt more rapidly than their larger counterparts.[11] For this reason, small states constitute ideal cases for examining both the nature of the pressures generated by defense industrial transformation and states' options for responding to them.

To control for the idiosyncratic impact that states' distinct positions in the international system has on their defense-industrial options, this study focuses on two states — Sweden and Israel — from

---

11) P. Katzenstein, *Small States in World Markets: Industrial Policy in Europe* (Ithaca: Cornell UP, 1985).

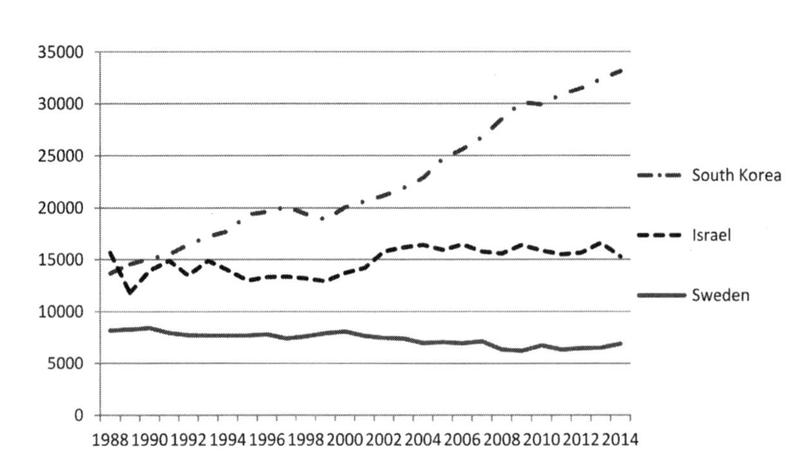

two very different regions — Europe and the Middle East.[12] Although these states' defense budgets vary in size, with Israel routinely spending twice as much as Sweden, both states have modest defense markets when compared to larger powers. To illustrate this, figure 1, below, charts the evolution of Israeli and Swedish defense budgets (measured in constant 2011 US dollars) and compares them to that of the Republic of Korea.[13]

As may be seen, Israel's budget is currently less than half that of the Republic of Korea and barely a quarter those of France, the

---

12) Some of the idiosyncratic factors one would want to control for are the following. Sweden's position in Europe provides enhanced opportunities for international armaments cooperation due to institutions such as the European Defense Agency and the Letter of Intent Process. Israel receives significant unilateral defense-industrial technology transfers from the United States. Finally, the nature of conflicts in Sub-Saharan Africa means that South Africa does not need forces as technically sophisticated as the other two states.

13) Figure derive from SIPRI Military Expenditure Database 2015, http://milexdata.sipri.org(accessed July 2015).

Defense Industrial Bases in the Late Cold War

Country	Employees	Self-Sufficiency	Role of State Owned Companies
Israel	80,000	44%	70%
Sweden	80,000	70%	50%

United Kingdom or Japan. Thus, despite differences amongst them, both Israel and Sweden belong to the heterogeneous universe of small states.

Despite their small size, both states achieved high levels of defense-industrial self-sufficiency by the 1980s. Indeed, each state's defense industries, which were frequently state-owned, produced a wide gamut of military ranging from uniforms and personal firearms to combat aircraft, tanks and artillery.[14] They produced other complex platforms as well, including ballistic missiles (Israel), missile boats (Israel and Sweden) and submarines (Sweden). Table I, below, illustrates the scope of Israel's and Sweden's defense industries in the late-1980s.[15]

As may be seen, the two cases had robust defense-industrial bases despite possessing only moderate domestic defense markets. This disjuncture between the scope of their production activities and the size of their internal markets meant that these states would be amongst the first to experience the pressures generated by the

14) In terms of combat aircraft projects, Sweden developed and produced a sequence of highly-sophisticated fighter aircraft (Saab 32 Lansen, Saab 35 Draken, Saab 37 Viggen, Saab 39 Gripen). Israel produced a copy of the Mirage V (the Nesher) and then an indigenous aircraft based on it (the Kfir).

15) T. Hoyt, *Military Industry and Regional Defense Policy: India, Iraq, and Israel* (London: Routledge, 2007), p.83; and Bitzinger, p.54.

changing nature of arms production and had to swiftly adapt to them.

III. Israel

Although Israel tentatively began developing a domestic defense industry upon independence, Israeli leaders only embraced the more ambitious objective of defense-industrial self-sufficiency after being embargoed by their major arms suppliers in 1967. With generous governmental support, which doubled as a proportion of the defense budget, Israel's state-owned defense firms developed indigenous weapons systems based on transferred French (pre-1967) and American (post-1967) technologies.[16] By the mid-1980s Israeli firms, employing 80,000 workers, produced everything from uniforms and mortars to Israeli designed fighters (the Kfir), tanks (the Merkava) and warships (Sa'ar missile boats).

However, the increasing cost and complexity of modern weapon systems began to pose an existential crisis to Israel's defense-industrial base as its major weapons projects concurrently experienced cost overruns and were assessed by the government as financially unviable. Faced with this challenge, Israel's government instituted a series of far reaching reforms in the late-1980s designed to force industry to focus on niches where it could be internationally competitive.

16) A. Klieman, "Adapting to a Shrinking Market: The Israeli Case," in *The Politics and Economics of Defence Industries*, E. Inbar and B, Zilberfarb, eds.(London: Frank Cass, 1998), pp.111-134.

In effect, Israeli leaders recognized the need to transition from a broad-based defense-industrial dependent on domestic orders to a leaner one dependent on exports.

The centerpiece of these reforms was a new Compulsory Tender Law that simultaneously gave state-owned defense industries administrative autonomy and forced them to demonstrate the cost-effectiveness of their products vis-à-vis both foreign alternatives and private sector firms as a prerequisite for their procurement.[17] Based on these criteria, the Israeli Defense Ministry informed industry that it would henceforth procure low-tech items, such as uniforms, boots and firearms from cheaper foreign suppliers. Meanwhile, the Ministry cancelled three of largest next generation platform projects — the Lavi fighter, Sholef artillery system and next generation Sa'ar missile boat — in 1987 on similar grounds that they were not cost effective.[18] However, while cancelling programs considered unviable, the government liberalized its arms export procedures to encourage Israeli firms to export products and services when they possessed comparative advantages.[19]

Recognizing that Israel's comparative advantage resided in innovation intensive defense products, the Ministry of Defense invested heavily in "factor creating" programs designed to endow Israelis with the general skills needed to contribute in the domains of defense electronics, aerospace engineering and cyber security. Perhaps the most exclusive of these initiatives is the Talpiot program, which annually recruits Israel's 50 most technically gifted youth into

---

17) Gloria Center, *Israel's Beleaguered Defense Industry* (Herzliya: Interdisciplinary Center Herzliya, 2001).

18) Hoyt, pp.99-104.

19) A. Benn, "How South Africa's Apartheid Regime Saved Israel's Defense Industry," *Ha'aretz* (10 December 2013).

a regimen of accelerated scientific training at Hebrew University followed by service in the military's R&D branch.[20] Two other programs — the military's School for Computer Related Professions (MAMRAM) and Unit 8200's training program in electronic intelligence — focus on defense computing and electronics.[21] Finally, the Ministry provides substantial funding to Israel Institute of Technology's (otherwise known as the Technion) Aerospace Engineering Faculty.

The immediate result of Israel's reforms was a dramatic contraction of the country's defense industries, with employment shrinking from 80,000 to 49,000.[22] Those industries hardest hit were ones that produced either low-tech items (e.g. uniforms and small arms) or incrementally evolving platforms (e.g. artillery and warships). Within this context, Israelis artillery producer — Soltam — shrank from 2400 employees to 400, while Israel's armored vehicle producer — Israeli Military Industries — laid-off 65 percent of its labor force between 1987 and 1991.[23]

However, after Israel's uncompetitive manufactures contracted, rising exports drove growth in such defense subsectors as aerospace, defense electronics and homeland security. Indeed, whereas Israel

---

20) U. Eilam, *Eilam's Arc: How Israel became a Military Technology Powerhouse* (Brighton: Sussex Academic, 2011), pp.277-278.

21) D. Breznitz, *The Military as a Public Space — The Role of the IDF in the Israeli Software Innovation System* (Cambridge: MIT Industrial Performance Center, 2002); and S. Perman, *Spies, Inc. Business Innovation from Israel's Masters of Espionage* (Upper Saddle River: Pearson, 2005).

22) F. Naaz, "Israel's arms industry," *Strategic Analysis* 23/12(2000), pp.2082-2084.

23) Office of Technology Assessment, *Global Arms Trade* (Washington, DC: USGPO, 1991), pp.96-99; and D. Dvir and A. Tishler, "The Changing Role of the Defense Industry in Israel's Industrial and Technological Development," *Defense Analysis* 16/1(2000), pp.33-51.

previously exported only 30 percent of the arms it produced, that figure has grown to 75 percent, rendering Israel the world's largest per capita arms exporter.[24] Much of this growth has been driven by private sector companies, including 150 small hi-tech "start-up" firms, rather than the state-owned corporations that previously dominated the sector.[25] Compared to their foreign counterparts, a disproportionately large number of Israel's private sector defense firms have sought venture capital from stock exchanges, including Tel Aviv's TASE and the USA-based NASDAQ.[26]

Thanks to this combination of a mobile highly-skilled labor force and venture capital, Israeli firms have established themselves as market leaders in fast-moving technological sectors. For example, Israel is the world's largest UAV exporter, supplying 41 percent of global UAV export demand over the past decade. Meanwhile, Israel's homeland security sub-sector grew from insignificance to 25,000 employees in two decades and currently exports nearly as much material ($5 billion per annum) as the rest of the defense sector combined. In sum, Israeli reforms reconfigured Israeli's defense-industrial base from one where state-owned corporations produced a wide gamut of equipment for the domestic market into one where venture capital, fluid labor markets and intense competition for foreign orders paved the way for export-led growth.

---

24) D. Dvir and A. Tishler; and J. Cook, "Israel's thriving arms trade is a setback to peace agreement," *The National* (23 July 2013) at: http://www.thenational.ae/thenationalconversation/comment/israels-thriving-arms-trade-is-a-setback-to-peace-agreement(accessed July 2015).

25) A. Anand et al., *When the Cluster Gets Armed: The Israeli Defense Cluster in 2012* (Grenoble: Lab-Center for Competitiveness, 2012).

26) Ibid and Breznitz.

IV. Sweden

Sweden's government began to cooperate with local business groups to develop an autonomous defense-industrial base in the years prior to the Second World War.[27] The companies that resulted from this collaboration — SAAB, Bofors, Celsius and Kockums — continued to expand during the Cold War such that domestic industry could supply 90 percent of Sweden's armament needs by the 1970s.[28] The trademarks of Sweden's defense-industrial system were close cooperation between industry and government, incremental innovation and the financial stability provided by "patient" bank capital.[29] Moreover, Sweden maintained this level of defense-industrial self-sufficiency at the same time as enacting one of the world's most draconian arms export regimes, prohibiting most weapons exports to all but a handful of Nordic and neutral states (known as the N-countries).[30]

Despite its prior success, a combination of increasingly complex weaponry and stagnant budgets threatened the sustainability of Sweden's defense industries. One of the key problems identified was the comparatively meager scale of Swedish defense firms compared to the defense multi-nationals emerging from post-Cold War mergers

---

27) U. Olsson, *The Creation of a Modern Arms Industry: Sweden 1939-1974* (Göteborg: Gothenburg UP, 1977); and H. Andersson, *Saab Aircraft since 1937* (London: Putnam, 1989).

28) Olsson, 186.

29) I. Dörfer, *System 37 Viggen: Arms, Technology and the Domestication of Glory* (Oslo: Universitetforlaget, 1973).

30) B, Hagelin, "Arms Transfer Limitation: The Case of Sweden," in *Arms Transfer Limitation and Third World Security*, T. Ohlson, ed.(Oxford: Oxford UP, 1988), pp.157-171.

and acquisitions. To meet this challenge, leaders representing business groups, the Defense Ministry and political parties gradually developed defense-industrial policy reforms.[31] The new contours of Swedish policy were outlined in new defense export regulations (1993), defense reviews (1999 and 2004), a reformed weapons acquisition process (2001) and a public/private strategy for Sweden's aerospace industry (2005).[32]

The defining characteristic of Sweden's policy was a radical two-tiered reorganization of Sweden's defense industries.[33] On the one hand, industries considered either less competitive or essential to Swedish survival — including armored vehicles, artillery and naval systems — would be preserved by encouraging their acquisition by European defense multinationals. On the other hand, government collaborated with the Wallenberg business group to consolidate Sweden's most valuable defense businesses — including SAAB's aerospace activities, Celsius' missile systems and Ericsson's defense electronics industry — into a Swedish-owned national champion firm. To enable both sets of firms to compete, Sweden's government liberalized its uniquely stringent defense export regulations in 1993, bringing them into line with European norms, and created the dedicated Swedish Defence and Security Export Agency in 2010 to

31) M. Ikegami, "The End of a 'National' Defence Industry?: Impacts of globalization on the Swedish defence industry," *Scandinavian Journal of History* 38/4(2013), pp.436-457.

32) Swedish Government, *The New Defence — Prepared for the Next Millennium* (Stockholm: Regeringskansliet, 1999); Swedish Government, *Defence Acquisitionon New Terms: English Summary* (Stockholm: Regeringskansliet, 2001); and Swedish Government, *Our Future Defence — The focus of Swedish defence policy* (Stockholm: Regeringskansliet, 2004).

33) M. Britz, *Aspects of Economy and Security in the Swedish Government's View on Defence Equipment Supply 1989-2001* (Stockholm: Stockholm Center for Organizational Research, 2004).

promote Swedish arms exports.

As the first step in reorganizing Sweden's defense-industrial base, Sweden's government directly negotiated the merger of Sweden's munitions factories with those of Norway and Finland in the Nammo consortium (1998) and the sale of naval producer Kockums to Germany's HDW (1999).[34] The government subsequently sold the state-owned defense conglomerate Celsius to the Wallenberg Group, which sold Sweden's armored vehicle factories to the United Kingdom's BAe Systems. In this manner, government enticed foreign multinationals to acquire the 26 percent of Sweden's defense-industrial base that were considered either less competitive or strategic.[35]

At the same time as Sweden integrated certain domestic industries into foreign multi-nationals, it collaborated with the Wallenberg group between 1999 and 2006 to concentrate priority industries, including aerospace (SAAB), missiles (Celsius) and radar (Ericsson), into a single entity that kept the name SAAB. The Swedish government then collaborated with SAAB to design research initiatives to enhance SAAB employees' firm-specific skills and bolster the company's aptitude for process innovation. For example, the Swedish government generously funded Linköping University's integrated production research partnership with SAAB, which enabled SAAB to develop a comparative advantage at internationally sourcing combat aircraft subsystems.[36] Other government-sponsored initiatives joining SAAB

---

34) C. Foss et al. "Scandinavian Industry: Breaking with Tradition," *Jane's Defence Weekly* (20 March 2003).

35) J. Bialos, C. Fisher and S. Koehl, *Fortresses and Icebergs — The Evolution of the Transatlantic Defense Market and the Implications for U.S. National Security Policy, Volume II* (Washington, D.C.: Center for Transatlantic Relations, 2009), p.542.

36) G. Eliassen, *Advanced Public Procurement as Industrial Policy: The Aircraft Industry as a Technical University* (New York: Springer, 2010), pp.99-171.

and Linköping University focused on modular engineering and digital tools for outsourcing design work abroad.[37]

The short-term outcome of Sweden's reforms was a significant contraction in the defense-industrial labor force, which declined from 27,000 in the mid-1980s to 14,000 by the mid-1990s.[38] However, Sweden's smaller and reorganized defense industrial base soon demonstrated its enhanced competitiveness, exporting over half of the armaments it produced from the mid-2000s onwards, rendering Sweden one of the largest per capita arms exporting states.[39] Contrary to the Israeli case, where start-ups and fast-moving technologies predominated, much of Sweden's defense-industrial success is based on established firms' aptitude for incrementally improving products such as radars, submarines and aircraft. Furthermore, much of Sweden's defense-industrial growth occurred in the privileged Swedish-owned aerospace and defense electronics sectors, with SAAB exporting air and ground based radar systems to 23 states and combat aircraft to six.[40] Such growth has enabled SAAB to acquire subsidiaries in Australia, South Africa and the United States, as well as establishing joint ventures in India, giving the company multi-national status with a presence in several key defense markets.[41]

---

37) I. Hallander and A. Stanke, *Lifecycle Value Framework for Tactical Aircraft Product Development* (Cambridge: Lean Aircraft Initiative, MIT, 2001).

38) B. Hagelin, "From Certainty to Uncertainty: Sweden's Armament Policy in Transition," in *Defence Procurement and Industry Policy: A small country perspective*, S. Markowski et al., eds.(London: Routledge, 2010), pp.286-302; M. Bromley and S. Wezeman, *Current Trends in the International Arms Trade and Implications for Sweden* (Stockholm: SIPRI, 2013).

39) Ikegami; and Swedish Government, *Strategic Export Control in 2012 — Military Equipment and Dual-Use Products* (Stockholm: Government Communication to Riksdag, 2013).

40) M. Streetly, ed., *Jane's Radar and Electronic Warfare Systems 2010-2011 (22 ed.)*, (London: Jane's Information Group, 2011).

V. Conclusion

By way of conclusion, an examination of the Israeli and Swedish cases demonstrates both the constraints and opportunities for small states' defense-industrial bases. The changing nature of arms production — including mounting weapons costs, globalized supply chains and the rise of multinational defense corporations — forced governments and corporations in both states to fundamentally reevaluate their defense-industrial policies. In each case, governments abandoned the pursuit of defense-industrial self-sufficiency and accepted the necessity to import weapons systems that were hitherto produced domestically. At the high end of the spectrum, Israel ceased building combat aircraft, warships and artillery, while Sweden began to import tanks and wheeled armored personnel carriers.

While both countries relied more on imports to equip their armed forces, they also depended more on international markets and capital to sustain their defense industries. Consequently, Israel and Sweden both liberalized their defense export regulations, albeit to varying degrees, and developed government agencies to promote exports. Likewise, both states sought infusions of foreign investment capital into their defense-industrial bases, but did so in radically different ways. In Israel's case the state incentivized defense industries to seek funds from capital markets — either Tel Aviv's TASE of the USA's NASDAQ — but adopted legislation prohibiting foreigners from serving on the management boards of Israeli based defense

41) SAAB, *Industrial Cooperation — A Partnership of Equals* (Linköping: SAAB, n.d.); J. Nirmal, "Airbus, SAAB seek domestic engineering and design talent," *Daily News and Analysis* (11 September 2008); and K. Kanth, "Saab-HAL JV to go on stream in 6 months," *Business Standard* (24 October 2011).

firms. In Sweden's case the government determined which defense sectors would be opened to foreign direct investment (FDI) and then actively negotiated many of the mergers of Swedish firms with foreign-based multinational corporations.

Finally, both Israel and Sweden made substantial — albeit differing — investments in enhancing the long-term competitiveness of priority defense industries. In Israel's case this took the form of investments in "factor creation" programs designed to develop highly skilled human capital capable of contributing to growth in strategic sectors such as defense electronics, computing and aerospace. Within this context, programs such as Talpiot, MAMRAM, Unit 8200 and the Technion's Aerospace Faculty are not designed to serve particular defense firms, but contribute to the sector's vitality as a whole. In Sweden government took a different approach and partnered with SAAB to sponsor joint research initiatives at Linköping University, the city where SAAB is headquartered, to develop process innovations directly relevant to SAAB and its subcontractors.

In each case, different strategies for boosting competitiveness fostered distinct forms of sectoral innovation, with start-ups and radical innovation predominating in Sweden while incremental and process improvements dominated in Sweden. Nevertheless, despite their multitudinous variations, activist governments in both states succeeded at restructuring their defense industries such that, after initially contracting, each state's defense-industrial base stabilized and subsequently achieved growth through expanded exports. Thus, while the changing nature of arms production has undermined the viability of certain varieties of defense-industrial policy, even small states can cultivate dynamic industries capable of contributing to national security.

Session 2

한국의 항공우주력 건설과 창조경제

보라매 사업 현황 분석과 제언: 실패의 의미와 두 가지 경로

최종건 | 연세대학교

Ⅰ. 서론

수많은 우여곡절이 있었다. 2002년 사업 소요가 결정된 후 12년이 지난 2014년 여름에서야 착수개발 승인이 난 사업이 바로 중급 국산전투기 개발 프로젝트 일명 보라매 사업이다. 보라매 사업은 국책사업을 지향했음에도 불구하고 7번의 타당성 검토를 거쳐 사업을 추진하는 단계에 진입했다. 사업추진의 승인 자체가 성공을 의미하지는 않는다. 국산 전투기 개발 사업을 승인 받기 위해 생산했던 핑크빛 미래비전을 현실화해야 할 때이다. 이 사업은 한국의 안보와 방위산업계에 막대한 영향을 미칠 것이다. 이제는 본 사업의 의미에 관한 당위론은 종결하고 이 사업을 성공시키기 위한 방법론을 엄중히 논의해야 한다. 이 사업을 실패하면 그 누구도 국산 전투기 개발의 당위성을 주장할 수가 없다. 또한 이 사업의 실패는 무기체계 국산화 자체 효용성에 대한 의구심을 정당화시킬 것이다. 또한 방산비리와 더불어 방산업계 존립 자체에 막대한 영향을 미칠 것이다. 또한 이 사업이 실패한다면 항공방산업업계의 자생적 지속성과 공군력의 자주국방이 불가능하다는 것을 의미한다. 따라서 향후 일정이 더 중요하다. 이 사업을 성공시켜야 하는 방법론과 로드맵을 현실에 맞게 고민해야 할 때이다.

본 발표문은 보라매 사업의 성공을 위한 비판적 제언이다. 보라매 사업을 적극 지지하고 지원했던 소장안보학자로서 방산업계에 제언하는 충언이다.[1] 본 논문은 첫 번째, 본 사업이 실패할 경우, 어떠한 문제가 한국의 전투항공력에 어떠한 영향을 미칠지 예상해본다. 실패 시나리오는 본 사업이 단순한 국산무기개발 이상의 의미가 있다는 것을 강조하기 위함이다. 둘째, 본 논문은 현재 사업 추진의 문제점을 진단하고 왜 이러한 문제들이 발생하였는지 진단한다. 특히, 기술이전 및 개발, 해외파트너와의 관계설정 그리고 사업추진의 제도적 방안 등을 집중적으로 조명하고자 한다. 셋째, 본 논문은 보라매 사업이 놓여 있는 상황을 고려하여 사업진행의 두 가지 경로인 전력화 우선과 국산화 우선 방안을 병렬적으로 제시한다. 이를 극복하기 위한 방안을 개괄적으로 제안하고자 한다.

II. 보라매 사업 '실패'의 안보적 의미

한국의 전투기 획득 사업은 F-5E/F 제공호와 KF-16(제한적 면허생산), T-50과 FA-50(공동개발)을 제외하고 전량 완제품을 Fly-Away방식으로 수입하는 형태를 유지하였다.[2] 이는 한국공군의 전투항공기가 최신예 전투기

1) 최종건, "하늘로? 우주로? 한국항공산업의 비애," 『서울신문』, 2013.2.18; "대한민국, 항공산업에 길을 묻어라," 『서울신문』, 2013.7.13; "항공우주력 3.0 시대, 대한민국 공군의 창조적 역할," 『월간공군』, 2013.08.05.

2) 한국의 전투기 획득 양상은 1950~1960년대에는 원조(1~3세대 전투기), 1970년대에는

라 하더라도 전투력 유지측면에서 많은 문제가 발생할 여지가 있다는 의미이다. 예를 들어보자. KF-16 전투기 성능 개량은 계약상의 문제로 지연되고 있다.[3] 여전히 예상한 비용의 5배를 록히드마틴 측에 지불해도 사업이 시급히 지속될지 불확실하다. F-15K에 탑재할 공대지 미사일은 부족하다.[4] 이 기종은 공대지 기능을 추가하여 북한에 대한 억지력을 증가하기 위해 도입된 전투기다. 특히, 도입이 완료된 지 5년밖에 안 된 전투기의 부품 수급이 원활하지 않아, 부품을 돌려막는 동류전환(Carnibalization) 중이다.[5] 피스아이 또한 부품이 모자란다고 한다.[6] 이 모든 문제의 공통점은 창정비, 부품수급, 업그레이드, 무기체계가 직수입품에 의존하고 있기 때문이다. 결국 수입 전투항공기는 높은 운영유지비, 후속군수체계 미완, 낮은 전투가동률로 인해 전투항공력에 영향을 미친다. 이는 한국공군의 고질적이고 치명적인 취약성으로 작용하고 있다.

결론적으로 해외무기에 100% 의존하는 한국의 전투항공력은 경로종속성의 악순환에 빠져 있는 것과 같다. 해외전투기를 수입하면 할수록, 구입비용은 증가되며, 국내연구개발 기회는 상실되어 첨단무기개발 기회는 최소화된다. 더욱이 공군이 확보할 수 있는 예산 규모에 비해 이미 구입한 무기의 운영유지비가 차지하는 비중이 높아지게 된다. 결국 방위력은 취약해진다.

한국의 전투항공기는 최근 전력화된 FA-50을 제외하고 100% 미국 수입산이다. 따라서 특정국 의존형태가 매우 심각하기 때문에 전투항공안보력이 사실상 종속되어 있다고 할 수 있다. 따라서 보라매 사업의 성공은 전투항

수입(2~3세대 전투기), 1980년대에는 제한적 면허생산(2세대 전투기)과 수입(4세대 전투기), 1990년대에는 제한적 면허생산(4세대 전투기), 2000년대에는 수입(4세대 전투기)의 형태로 이루어졌다.

3) "KF-16 성능계량사업 감사착수," 『한국일보』, 2015.02.27.

4) "미사일 부족한 전투기 … F-15K 타격 실상은," 서울방송, 2012.12.26.

5) "2017년 이후엔 현재의 2배 이상 들어갈 듯," 『문화일보』, 2013.04.23.

6) "공군 피스아이 도입 4년 만에 핵심부품 단종속출," 『연합뉴스』, 2015.04.16.

〈표 1〉 한일 전투기 획득 패턴비교

한국의 전투기 획득 패턴	일본의 전투기 획득 패턴
원조 → 수입 ↑ 제한적 면허생산 ↘ 수입 ↑ 제한적 면허생산 ↘ 수입	원조 → 적극적 면허생산 → 적극적 면허생산 ↗ 적극적 면허생산 ↘ 연구개발

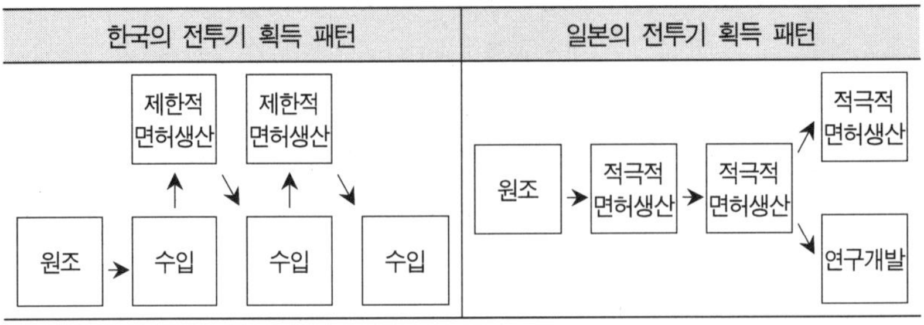

공력 획득사업의 악순환을 개선시킬 수 있는 처음이자 마지막 기회라고 할 수 있다. 이는 〈표 1〉 한일 전투기 획득 패턴비교[7])를 보면 더 확연히 드러난다.

한국의 전투기 획득은 2회의 제한적 면허생산을 제외하고 완제품을 직수입하는 패턴을 보인다. 반면 일본은 2차 세계대전 직후 우리와 같이 미국으로 부터 전투기 원조를 받지만, 적극적 면허생산을 지속한다. 한국의 전투기 획득 양상을 일본의 전투기 획득 양상과 비교하면 두 가지 결론을 유출할 수 있다.[8])

첫째, 한국의 경우, 무기이전 정책과 국방비 증가율의 성격이 수시로 변화하여 다양한 획득방법을 보였다. 특히, 1970년대부터 미국의 무기이전 정책 성격은 변화가 없었기 때문에 한국의 국방비 증가율의 성격이 획득방법을 결정했다. 특히, 전투기 획득은 전투기 세대별 순서나 방위산업 발전단계와 무관하게 획득방법이 결정되었다. 이에 따라 해외에 의존적인 전투기 운영이 나타나며, 항공방위산업은 답보상태였다.

둘째, 한국과 일본의 전투기 획득 유형의 차이는 미국의 무기이전 정책에 더 많은 영향을 받은 것으로 보인다. 한국이 F-5를 제한적으로 면허생산하

7) 최종건·표승진, "한일 전투기 획득 유형 비교 연구," 『국방연구』 제56권 제4호(2013년 12월), pp.77-108.

8) 최종건·표승진, 앞의 글, pp.100-103.

던 시기, 일본은 이미 F-15J를 적극적 면허생산을 통해 국내생산하였다. 한국이 F-15를 21세기에 들어서 완제품을 수입한 것과는 상당히 대조적이다. 즉, 한국이 시도한 국내면허 생산 방식이 미국에 의해 매우 제한적이거나 거부되었던 시기 일본은 미국의 후원하에 적극적 면허 생산 내지는 연구개발을 하였다.

이를 종합하면, 일본은 미국제 전투기를 기술도입생산하면서 독자개발을 지속적으로 추진하는 병행 정책을 추진하였다. 특히, 각 도입 사업별로 면허생산을 통해 부품국산화를 진행하였고, 후속 독자개발사업을 위해 핵심 기술 개발을 병행했다. 반면에 우리는 KF-16의 제한적 면허 생산을 하였지만, 기술개발의 파급력은 미약하였다. 특히, T-50과 FA-50을 공동개발한 이후, F-15K를 직도입하였기 때문에 전투기 개발사업에 공백이 발생하였다. 이러한 패턴은 결국 기술개발의 연속성 확보가 어려운 항공개발 산업구조를 잉태하였고, 결과적으로 미래지향적 신기술 개발은 불가능하게 되었다. 즉, 한일 간의 전투기 획득의 차이는 체계적이고 일관된 전략이 존재하였느냐에서 발생한다.

F-X 사업 추진의 핵심 논리는 전력공백이었다. 즉, "지금 전투항공기 도입을 결정하지 않으면 전투항공력의 공백이 생긴다"는 논리인 것이다. 그러나 이러한 논리는 다른 주요 선진 국가에서 찾아보기 어렵다.[9] 왜 전투기 도입 사업 때마다 전력공백을 시급한 도입의 논리로 전면에 등장시키는 것일까? 그 이유는 바로 앞서 주지한 한국의 전투항공기 획득 패턴 때문이다. 다음의 〈그림 1〉에 나타난 한일 3세대 전투기 대수 현황을 보면 한국과 일본의 전투기 보유 현황의 차이점이 확연히 들어난다.[10]

---

9) 전력공백의 주요 논리는 항공전투력을 임무수행능력을 고려하지 않은 전투기의 대수로만 평가하는 시각이다. 따라서 전력공백이라는 용어보다 전력지연이 더 적절하다는 설명도 존재한다.

10) 한중일 전투항공력 증강에 관한 실증 연구는 최종건·김상준·고경윤, "전투항공력 변화의 경험적 분석: 중국과 일본의 전투항공력 변화와 한국항공력의 함의," 『국가전략』 17권 3호(2011년 가을호), pp.95-121 참조.

〈그림 1〉 한일 3세대 전투기 대수 현황

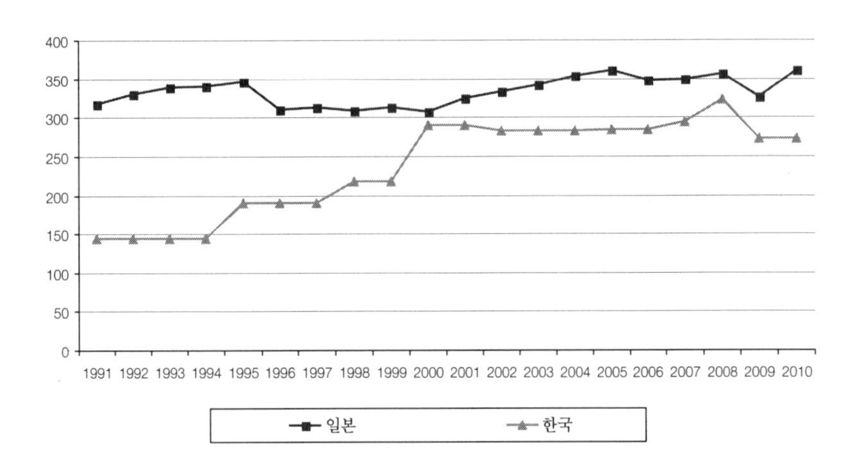

일본은 적극적 면허생산을 통해 기존의 노후 전투항공력을 점진적으로 퇴역시키면서 신형 전투기를 전력화한다. 이러한 패턴은 전체 3, 4세대 항공기 보유대수에 큰 영향을 미치지 않는다. 따라서 일본의 전투항공기 대수가 300~350대 사이를 20여 년간 유지할 수 있었던 것이다. 반면 한국은 그래프상에서 특정시기에 대폭 수량이 늘어나는 계단 형태의 증가치를 보인다. 이는 항공기 도입 사업을 통해 다량의 전투기를 비슷한 시기에 도입하기 때문이다. 문제는 비슷한 시기에 도입한 전투기들은 비슷한 시기에 퇴역한다는 점이다. 따라서 한국의 3, 4세대 전투기 보유대수는 전체적으로 증가추세를 보임에도 불구하고, 동시대에 수입한 전투기들이 일정 시간이 지나면 동시에 퇴역시켜야 한다는 것을 의미한다. 따라서 수급의 문제가 미리 결정되지 않으면 양적인 측면에서 한국의 전투항공력은 전력공백의 우려를 극복할 수 없게 된다.

〈표 1〉과 〈그림 1〉을 종합 분석하면 다음과 같은 결과를 도출할 수 있다. 일본은 전투항공력의 기술력과 전투력 향상을 위해 국가가 입체적으로 자원과 의지를 투사하여 항공기 사업을 추진하였다. 반면 한국은 지속적으

로 완제품을 수입하는 경로종속의 관성을 강하게 보인다. 일본과는 공동개발을 추진하고 우리에게는 완제품을 판매하는 미국의 무기판매 정책도 한몫했다. 내부적으로 우리의 경우 전투항공력 획득 사업은 각군의 역학관계에 의해 전력증강의 우선순위에서 밀리곤 했다. 또한 천문학적 예산이 한꺼번에 투입되는 것으로 인식되는 전투기 획득 사업의 특성상 정치적 지원 또한 명확하지 않았다. 이러한 맥락에서 보라매 사업 역시 소요 확정 이후에서 10여 년 이상 지연되었고, F-X 사업은 3차례로 분할되어 노후 전투기의 대체가 지연되는 결과와 전투기 대수 유지에만 치중하게 되었다. 따라서 기술도입생산이 아닌 직도입으로 인해 기술개발 능력을 축적할 수 있는 기회도 상실하게 된 것이다.

완제품 수입 패턴의 결과는 항공기술 발달의 낙후와 한국의 전투항공력의 미국 종속이다. 따라서 무기 수입국인 한국의 항공업계, 소요군인 공군 그리고 안보전문가들 사이에서 안보자산인 무기체계가 해외구매에 종속되는 현상에 거부감을 갖게 된다. 이러한 측면에서 본다면 보라매 사업은 자국안보에 필요한 주요 무기체계인 전투항공력을 국산화하기 위한 자생적 노력이다. 따라서 보라매 사업이 성공한다면, 한국의 전투기 획득 패턴에 혁신적 변화를 줄 수 있을 것이다. 그러나 보라매 사업이 실패한다면 한국의 전투항공력은 완제품 수입의 패턴에서 벗어날 수 없을 뿐만 아니라, 한국의 전투항공력이 전력 공백이라는 고질적 질병에 시달린다는 것을 의미한다. 이는 곧 전투기 항공기 대수가 늘어나는 만큼 운영유지비가 기하급수적으로 증가하는 것을 의미하며, 보유 항공기의 임무 수행이 보장되지 않는다는 것을 의미한다. 이 사업의 실패는 한국의 전투항공력이 비슷한 시기에 완제품을 대량을 수급하는 악순환을 지속해야 한다는 것이다. 또한, 공군은 지난 F-X 1차와 F-X 3차 사업에서 보았듯이 무기도입 사업을 진행할 때마다 정치 현안의 핵심으로 등장하는 부담을 감수해야 한다.

결론적으로 보라매 사업이 실패한다면, 한국공군의 자생적 안보자산 확보가 불가능해진다. 문제가 되는 흑표전차 사업의 경우, K-1 계열의 전차가 존재할 뿐만 아니라 대체 보완무기체계가 존재한다. 그러나 공군의 경우,

전투항공력의 특성상 대체수단조차 없기 때문에 적절한 수급이 보장되지 않는다면 전투항공력이 기하급수적으로 감소하게 된다. 공군의 전투항공력을 대체할 무기가 없기 때문이다. 또한 보라매 사업이 실패한다면, 무기체계 국산화에 대한 회의론이 힘을 받게 된다. 즉, 직도입 논리가 우세하게 되며, 무인전투기와 같이 현재 그나마 우리가 비교우위를 점하고 있는 미래 전투체계 역시 해외 직구매에 의존할 수밖에 없을 것이다.

Ⅲ. 2015년 보라매 사업 현황 진단

이상적으로 보라매 사업의 성공은 계획된 '예산'과 '기간'내에 "군이 요구했던 성능"을 만족시키는 국산전투기를 개발하는 것으로 정의될 수 있다. 물론 이 사업은 전문성과 투명성을 얼마나 확보하느냐라는 과정의 측면에서도 매우 중요하다. 이 사업의 성공을 위한 방법론으로는 (1) F-X 선정 사업자로부터 핵심기술이전, (2) 핵심기술 국산화, (3) 인도네시아와 공동개발과 같이 크게 3가지이다. 그러나 2015년 6월 현재, 보라매 사업은 막중한 문제에 직면에 있다. 기술이전에 관련된 영역과 국제공고 영역, 사업추진체 그리고 비용에 관한 문제점들을 진단하고자 한다.

1. 기술이전

1) F-X와 보라매 사업의 연계성: F-35의 딜레마

F-X 사업은 록히드마틴의 F-35로 수의계약되었다. 북한의 비대칭 위협에 억지력을 발휘하고 주변국을 견제하기 위한 기종이 F-35라는 이유때문이다. 그러나 F-X 사업은 차기전투기를 획득하는 목표뿐만 아니라 보라매 사업과

연계하여 핵심기술을 F-X 사업자에게 이전 받는 것을 목표로 했다. 방사청과 공군은 F-X와 보라매 사업은 연계된 사업으로서 F-X의 선택은 전투기 국산화의 성패와 직결된다고 지속적으로 주장하였다. 그러나 수의계약으로 종결된 F-35는 보라매 사업의 딜레마를 초래한다.

F-X와 보라매 사업을 연계한다는 것이 방사청의 지속된 사업 방향이었다. 그러나 F-X 기종 결정과 계약 체결에 앞서 보라매 사업 관련 미 정부의 기술 이전과 록히드의 참여 등에 대한 구체적인 협상 타결이 이루어지지 않았다. 이로 인해 F-X 3차와 보라매 사업의 협상이 분리되고 수의 계약으로 인해 협상 레버리지가 상실되는 결과를 초래했다. 더욱이 F-35는 미국 정부가 보증하는 대외군사판매 FMS 제도를 통해 도입해야 한다. 그러나 개발 중인 기종의 생산지연 및 심지어 중단 위험을 구매자가 감수해야 하는 야키웨이버 저촉 무기이다.[11] 특히, 생산자인 록히드마틴은 핵심 기술이전 및 개발비 분담에 미국 정부로 부터 많은 제한받게 된다. 우리의 입장에서 록히드마틴 및 미국 정부의 핵심기술 이전 협상이 상업용 기종을 선택했을 때보다 어려워진 것이다. 이것이 F-35를 선택한 결과로서 보라매 사업이 짊어져야 할 딜레마가 되었다.

미국 정부의 EL불허핵심 품목은 AESA 레이더, IRST, EOTGP, RF Jammer 등이다. 록히드마틴은 EL 불허품목에 대한 이전 권한이 미국 내 법에 의해 제한된다. 더욱이 KF-X 개발에 대한 비용분담은 법적의무 조항이 아닐 뿐만 아니라, 수의계약으로 선정된 록히드마틴에 대해 우리의 협상 레버리지는 매우 위축될 수밖에 없다. 즉, F-35를 보유하겠다고 밝힌 우리의 의도와 매우 보수적인 미국 정부 기술보호정책으로 인해 전투기 국산화에 치명적 부분들의 기술 이전이 중요한 딜레마로 부상한 이유가 여기에 있다. 핵심기술 이전의 측면에서 본다면 F-X와 KF-X 사업은 사실상 분리될 위기에 놓여

---

11) 참고로 2013년 10월 기준 FMS에 의해 기술이전 되어야 할 총 548건(1조 165억 4천만 원)의 방산기술 중 313건(총 832억 원)이 계약 지체되었다. 이는 절충교역의 57%에 해당하며 야키웨이버에 저촉되어 계약위반에 대한 법적 손해 소송을 제기할 수 없다.

있는 것은 아닌지 우려스럽다.

2) 동맹국 EL(Export Licenses) 정책과 기술이전

보라매 사업의 가장 큰 문제는 미국의 EL정책이다. 이는 이미 예상되었던 문제였다. 물론 F-X 사업 당시 록히드마틴은 기술이전을 위해 "최선을 다하겠다"고 공약한 바 있지만, 계약에 명시된 법적 의무 조항은 아니다. 따라서 우리에게, AESA RADAR 등과 같은 항전 핵심분야 기술이전이 미 정부의 거부로 차질이 생긴 것과 다름없다. 즉 본 사업의 목표인 핵심분야의 국산화를 통한 국산전투기 개발에의 걸림돌이 바로 우리가 가장 많은 무기를 구매하는 미국의 기술이전 정책이 될 가능성이 많다.

지난해 12월 한미 방산기술협력위(DTICC)에서 미국이 AESA 레이더 체계통합 기술 등 4개 첨단장비 체계통합기술 이전을 사실상 거부한 것으로 알려졌다. 우리가 요구한 항전부야 체계통합기술 등은 미국의 지속적 기술우위 유지가 필요한 분야이다. 이 분야에 대한 기술이전은 미 연방법에 따른 승인절차에 구속된다. 보다 자세히 논의하면 다음과 같다.

미국의 EL정책은 레이더의 판매와 이를 항공기에 통합하는 체계종합기술을 별개로 취급한다. 레이더 판매는 가능하되, 이를 통합하는 작업은 반드시 미국 업체가 수행해야한다는 규정을 적용한다. 따라서 레이더를 제3국으로부터 기술이전을 통해 개발할 수 있지만, 이를 체계통합하는 것은 별개의 문제라는 의미이다. 즉, 미국이 제3국 유출을 이유로 레이더의 체계통합기술 이전을 거부할 가능성은 존재한다는 어려움이 있다. 결국, 핵심기술에 대한 EL 승인 사항은 아직 불확실하지만 사실상 미 정부의 EL정책의 궤적을 살펴볼 때 불가능하다는 것을 의미한다.[12)]

보라매 사업 구조의 특성은 미국의 핵심 기술이전을 더욱 어렵게 할 것이

12) 미국의 EL은 무기수출통제법(AECA Arms Export Control Act)과 국제무기거래규정(ITAR)등에서 규정된다. 특히 AECA Section 2778, ITAR Part 123에 세부조항에 의하면 특정 무기 기술의 해외 수출은 매우 엄격한 통제에 놓여 있다.

다. 본 사업은 단발 훈련기를 개발하는 것과 차원이 다른 사업이다. KF-X는 쌍발전투기로서 5세대 전투기를 지향한다. 더욱이 T-50은 한미 양국이 공동 개발했지만 KF-X는 이슬람 국가인 인도네시아가 사업에 참여하고 있다. 미국은 타국에게 군사핵심기술을 이전하지 않았고, 특히 항공우주관련 핵심기술이 적용될 보라매 사업은 더더욱 어려울 것으로 예상된다. 결국, 전체적인 기술협력선을 미국으로 할 것인지, 제3국으로 할 것인지에 대해 판단해야 하는 상황에 직면하게 된 것이다. 이 판단의 변수로서 한-미 동맹 관계, 미국과 제3국의 기술적, 비용적 측면과 함께 기술 이전 가능성을 종합적으로 검토해야 하는 국면에 보라매 사업은 놓여 있다. 물론 제3국 역시 그들의 최첨단 기술을 전면 이전할 것인지 따져봐야 할 것이다. 대안으로서 이들 첨단 센서와 이들 센서의 항공기 체계통합기술을 국산화하는 방안이 있는데, 이들 센서들을 한꺼번에 국산화할 경우 전력화, 사업예산은 물론 기술적 리스크를 감수할 수 있는가는 또 다른 문제이다.

따라서 대한민국 정부가 "동맹"의 이름으로 이 문제를 어떻게 풀어갈 수 있을지 큰 숙제가 될 것이다. 기술이전이 어렵다면, 그래서 100% 국산개발로 가야한다면, 사업기간이 늘어날 것은 당연한 결과이다. 기계식 레이더를 개발해보지 않은 한국이 사업기간을 10년을 설정하고 있다. 4년 만에 항공기와 함께 레이더 등 최첨단의 항공전자장비 개발도 동시에 진행해야 한다는 뜻이다. 따라서 사업 자체에 차질은 불가피하다. 즉, 미국의 "동맹적 공조"는 이 사업의 본질인 국산화에 막중한 도전으로 작용하게 되었다.

* 본 발표문은 6월 중순경에 완결하였지만, 7월 1일 방사청이 새정치민주연합 백군기 의원실에 제출한 자료와 내일신문 7월 1일 자 기사(홍장기, "미 'KF-X 핵심기술 이전 불가' 통보")는 필자가 우려한 바가 현실화된 것을 의미한다. 방사청 보고에 의하면 미국 정부가 한미 방산기술협력위(DTIC) 등 양국 간의 잇단 회의와 접촉에서 우리 측에 핵심기술의 이전이 어렵다고 2015년 4월 최종 통보한 것으로 알려졌다. 즉, 차기전투기 절충교역협상을 통해 논의된 AESA 레이더, 적

외선 탐색-추적장비(IRST), 광학표적획득장비(EOTGP), 전자전장비의 체계통합 기술 등 4건의 기술 이전을 거부한 것이다. 경쟁계약에서 수의계약이라는 게임의 규칙을 바꾸어 가면서 F-35를 선택하였지만, 핵심기술이전이 빠지게 된 보라매 사업을 진행해야 할 상황에 직면한 것이다.

특히, 경쟁입찰 과정에서 방사청은 KF-X 관련 기술을 51건 요구했지만, 수의계약 당시에는 42건으로 9건을 축소하였다. 결국, 최종합의는 25건으로 마무리되어, 임무분석과 하중산출, 형상 최적화 기술 등 30건, 금속 캐노피 설계기술 등 17건의 기술이전이 빠지게 된 것으로 알려졌다. 반면 같은 미국업체인 보잉사는 이스라엘 등 제3국을 우회하여 제시된 51건을 모두 충족하겠다는 제안을 내놓았다. 즉, 수의계약으로 인해 경쟁입찰 때보다 우리의 협상력이 떨어진 것이다.

문제는 홍장기 기자가 제시한 것과 같이 보라매 사업의 예산을 확보하기 위해, 국회가 제시한 예산집행의 선결과제를 본 사업이 충족 못 시키게 될 위기에 직면하게 된 것이다. 이 선결과제의 핵심은 "레이더 등 항공전자제어 … 레이더와 미사일의 체계통합 … 등에 관하여 미국 등의 EL(수출승인)을 확보한다"는 것인데, 미국의 기술이전 거부로 보라매 사업에 요구되는 예산 선결과제는 큰 숙제를 안게 되었다. 결국, 제3국을 통한 기술이전이 불가능할 경우, 록히드마틴사가 핵심기술이전을 직접 수행할 가능성이 높아진다. 이에 해당 하는 레이더 등 핵심기술 부분에 관한 유지와 정비 또한 해외업체에 의존해야 하기 때문에 사실상 국산 전투기 개발을 통해 운영유지비를 절감하겠다는 사업목표가 상당 부분 훼손된다는 것을 의미한다.

2. 공동개발 – 인도네시아

인도네시아는 본 사업의 유일한 파트너이다. 즉, 공동개발국가일 뿐만 아니라 투자국가이다. 인도네시아 역시 자국의 항공산업을 발전하고자 하며, 이 사업을 통해 공군력을 향상하고자 한다. 인도네시아는 동남아시아의 맹주국일 뿐만 아니라, 세계최대의 이슬람국가이며, 대한민국과는 포괄적 경제동반자를 지향하는 국가이다. 따라서 보라매 사업은 이슬람과 동남아 국가들 그리고 개발도상국들이 첨예한 관심을 보이는 사업이다. 대한민국의 국익뿐만 아니라, 신용과 국격이 달려 있는 사업이다. 그러나 한국은 단순 투자자로서 인도네시아 정부를 대하는 것은 아니냐라는 불만의 목소리가 자카르타에서 들려오기도 한다. 특히, 지속적으로 인도네시아 정부는 왜 한국 측에서 기체분야와 기술개발 등에 대한 로드맵을 제시하지 않냐고 이의를 제기하였다. 따라서 우리 정부는 본 사업의 협력국가인 인도네시아와의 관계를 보다 치밀하게 재정립해야 할 필요가 있다.

개발비 조달 측면에서 많은 인도네시아 발 불확실성은 존재한다. 전체개발비의 20%를 제공해야 하는 인도네시아는 현재 유가하락과 함께 미국 금리인상이 시행될 경우, 경제에 심각한 타격을 입을 것으로 예상된다. 최근 인도네시아는 외국인 투자 감소, 경상수지 적자 확대, 환율하락으로 인해 경제환경의 불안정성이 높아지고 있다. 물론, 인도네시아 경제상황은 중장기적 관점이 요구된다.[13] 그럼에도 불구하고 관건은 인도네시아의 경제 상황이 한국의 보라매 사업에 영향을 미칠 것이라는 점을 주시해야 할 것이다. 즉, 우리 정부는 이 경우를 대비한 대책이 있어야 할 것이다. 따라서 만약 인도네시아가 보라매 사업으로부터 철회를 할 경우, 생산수량의 감소, 규모의 경제 축소, 그리고 대한민국의 독자적인 개발/생산 예산 부담으로 예산의 부담은 더욱 심해질 것이다. 또한 이 사업이 인도네시아의 문제가 아닌 우리의 문제로 인해 실패할 경우, 이슬람국가들과의 관계 악화 및 한국의 대외 신용도 하락이 예상된다.

---

13) "Indonesia－Economic forecast summary(June 2015)," OECD, Internet Document, Available at http://www.oecd.org/eco/outlook/indonesia-economic-forecast-summary.htm

3. 조직

"보라매 사업"은 사실 기형적으로 진행되고 있다. 전문성 있는 인력으로 구성된 사업단이 장기적인 안목으로 국내의 정치경제적 현안과 국제정치적 이슈들을 고려하며 사업제안 단계부터 제안서를 평가하고 사업의 밑그림을 그려 나가야 했다. 그러나 그러지 못했다. 방사청이 사업을 직접 챙기다 보니, 사업단은 모든 사업이 결정된 후 출범되는 형국이다.

총인원 70여 명으로 구성된 보라매 사업단이 방사청 산하의 TFT로 출범할 계획이라고 한다. 보라매 사업단은 체계개발, 체계총괄, 국제협력 등 3개 팀이 구성되며 정부 부처·출연연구기관 등이 KF-X 사업에 협력할 것이다. 그러나 본 사업은 소위 "국가 미래사업의 창조"라는 논리를 전면에 앞세워 승인된 것이다. 그러나 방사청의 일개 사업단으로 본 사업을 꾸려나간다면 사업의 본 취지에도 어긋날 뿐만 아니라, 이 사업을 진행하는 데 필요한 정치적 추진력을 완비할지 매우 의심스럽다. 그 첫 번째 증거는 본 사업이 국가 정책 사업으로 선정되지 못하고 있다는 점이다. 즉, 보라매 사업이 "국가 안보와 국방에 중대한 영향을 미치는 사업임"에도 불구하고 "국가차원에서 주요 역점과제로 선정되어 추진되는 사업이 아니라는 점"이다. 결과적으로 이 사업은 여전히 제도적으로 취약하다는 것을 의미한다.

4. 비용과 예산

비용보다는 품질에 우선을 두어 최고의 전투기를 개발해야 한다는 주장은 나름 의미가 있다.[14] 그러나 비용은 엄연한 현실의 문제일 뿐만 아니라, 예산의 배정은 정치적 문제이며, 국가차원에서 우선권을 얼마만큼 확보하느냐의 문제이다. 보라매 사업이 직면한 예산 환경은 그리 녹록지 않다.

---

14) 김경민, "보라매 사업 성공 3대조건," 『문화일보』, 2015년 02월 06일.

첫 번째로 정치환경이다. 보라매 사업이 진행되는 동안 정권은 최소 3번 바뀐다. 그리고 정권의 부침에 따라 본 사업의 명암이 바뀔 수 있다. 새로 들어오는 정권의 입장에서 안보적 측면과 경제적 측면을 고려하여 본 사업을 재평가할 여지는 분명히 있다. 특히 경제적 측면인 비용의 관점에서 본 사업을 냉정히 평가할 것이다.

두 번째는 예산 상황이다. 킬체인 개발과 한국형 미사일 방어체계 그리고 각종 최신무기 개발(미사일)에 소요되는 예산은 보라매 사업의 예산확보에 좋지 않은 영향을 미칠 것이다. 2016~20년 중기 방위력 개선비에 대한 예상의 경우 IPT가 요구한 예산은 96조 원인데, 국가재정을 감안하여 실제 반영된 것은 77조 원이다. 또한 2016~20년 국가재정운용계획 예측치에 의하면 기재부는 65조 원의 방위력 개선비를 중기예산으로 배정하였다. 즉, IPT가 최고 수준으로 요구한 96조 대비 29조 원이 차감되었고, 국방부가 대폭 조정한 예산에 비해서도 12조 원이 삭감된 것이다. 이렇게 되면 보라매 사업의 개발비 조달에 난항이 예상될 뿐만 아니라, 실제 필요한 연부액 배정이 불가능할 것으로 보인다. 즉, 사업이 진행과정에 일정이 지연된다면 뒤로 밀릴 가능성이 현재로서도 매우 농후하다. 더욱이 미국으로부터 핵심기술 이전이 불가능할 경우, 방사청의 주장대로 제3국으로부터 기술을 이전 받는다면, 사업의 기간과 함께 예산이 증가할 가능성이 높다. 그렇다면 사업 성공의 불확실성이 높아지며, 예산의 분배에서도 밀려나게 될 것이며, 국민여론 역시 악화될 가능성이 높아질 것이다.

IV. 두 가지 경로: 전력화 우선인가, 국산화 우선인가?

1. 보라매 사업의 딜레마

돌이켜 보면, 보라매 사업은 사실상 기체형상(쌍발 vs. 단발)의 논쟁으로 왜곡되어 왔다. 본 사업 핵심은 국산전투기의 전력화를 어떻게 달성할 것인가라는 문제로 귀결된다. 그러나 따지고 보면 최초 보라매 사업은 공군의 노후 전투기 대체, 즉, 전력화 차원에서 추진되었다. 그러나 사업의 타당성 확보를 위한 예산 절감과 수출 시장 확보 차원에서 인도네시아의 참여가 결정되었고, 부족한 기술 확보 차원에서 선진국의 기술 이전과 공동개발이 더해진 것이다. 그리고 최근에는 기술자립화 차원에서 핵심 기술의 국산화가 더해지면서 사업의 목표가 증가하였다. 현재 보라매 사업의 쟁점은 "핵심 기술을 어떠한 형식으로 국산 개발하여 탑재할 것인가?"이다.

그러나 앞서 분석하였듯이 본 보라매 사업이 처한 딜레마의 현주소는 다음과 같다. 기술이전, 국제공조, 예산확보 그리고 사업단의 정치적 위상까지 2015년 6월 현재 아무것도 확정적인 것이 없다. 더욱이 각 목표는 상호 대립적이기도 하다. 사업비 확보와 수출시장 확보를 위해서는 인도네시아와의 공조가 필요하다. 그러나 미국의 기술이전을 더욱 어렵게 하는 것은 이슬람 국가인 인도네시아와의 공조 그 자체이다. 국산화를 위해서는 F-X와의 실질적 연계를 통해 핵심기술을 미국 측으로부터 받아야 하는데, 이는 사실상 어려울 것이다. 그러면 기간과 사업비는 증가한다. 증가된 사업비와 기간은 사업의 불확실성을 증가시킨다. 게다가 이 사업을 추진할 사업단의 행정적, 정치적 위상이 여전히 불확실하다. 이 분석에 동의한다면 다음의 문제를 생각해 볼 필요가 있다.

1) KF-X와 관련된 논란의 핵심은 바로 국내 항공우주산업에 대한 정부의 확고한 의지가 불분명하다는 것에서부터 시작되었다. 정부는 항공

우주산업 발전에 대한 확고한 의지가 있는가?

2) 부품의 국산화를 위해서 한미동맹 내에서 지속했던 전투기 획득 패턴을 벗어나 제3국의 상업용 생산자를 선택하여 기술이전을 과감히 받을 수 있는가?

3) 미국으로부터 기술이전을 받기 위해 이슬람 국가 인도네시아와의 공동협력 개발을 파기할 수 있는가?

4) F-X 사업자로부터 보라매 사업을 위한 기술이전이 원활히 진행되지 않을 경우, 제3국으로부터 기술이전을 받아야 한다면, 증가된 사업비를 충당할 정치적 합의를 이끌어 낼 수 있는가?

5) "국민의 세금으로 진행하는 국책사업을 진행하는데 미국 정부의 기술통제를 받는 기술이나 부품을 받을 필요가 있는가?"라는 비난 여론과 "왜 보라매 사업을 하는가? 차라리 전투기를 사오는 것이 좋겠다"라는 사업자체의 회의론에 어떻게 대응할 것인가?

6) F-35 40대 도입하는 F-X 사업에 7조 3,419억 원. 차기 이지스 구축함 광개토-III(Batch-II) 탑재용 이지스 전투체계 1조 5천억 원, K-F16 개량사업 1조 8천억 원. 향후 록히드마틴과 진행하는 사업의 총액은 10조 6,419억 원이다. "왜 한국은 이렇게 많은 사업은 한 업체와 진행함에도 불구하고 '갑'의 역할을 제대로 수행하지 못하는가?"라는 여론을 어떻게 극복할 것인가?

7) 미국으로부터 핵심 기술을 직구매하는 방식으로 진행한다면, 사업단은 국산화를 어떻게 재정의할 것이며, 그동안 주장해 왔던 사업의 국산화 정당성은 어떻게 정립할 것인가?

2. 두 가지 경로

필자가 제시하는 7가지 문제는 결국 "이 사업의 전략적 순위는 무엇인가?"를 묻는 질문들이라고 할 수 있다. 보라매 사업의 성공을 위해서는 조속히 전략적 결단을 감수해야 할 것이다. 미국과 서유럽을 제외하고 개발된 전투기로는 스웨덴의 JAS-39과 일본의 F-2가 있다. 스웨덴의 JAS-39은 전력화를 전제로 한 사업이다.[15] 따라서 미국의 핵심 기술을 이전받아 개발한 기종으로서 스웨덴 공군의 전력화에 성공했다. 일본의 F-2는 미국의 F-16 기술을 토대로 국산화를 위해 핵심 장비도 개발하였다.[16] 그러나 개발 지연, 가격 상승 등은 양산대수의 축소라는 결과를 초래한다. 다만, F-2 개발을 통해 일본의 항공우주기술을 전반적으로 향상되었고, 미일동맹에서 자국의 기술적 입지를 강화할 수 있게 되었다. 앞서 제시한 문제들과 해외사례들을 고려한다면, 보라매 사업의 전략적 목표가 무엇이 되어야 하는가라는 문제에 봉착한다. 결국 우리에게도 전력화 우선이냐 아니면 국산화 우선이냐라는 두 가지 경우의 수가 등장할 것이다.[17]

1) 국산화 우선 경로

첫 번째 경로는 전투기 개발 자체, 즉 핵심기술의 국산화를 사업의 핵심 목표로 두는 것이다. 전투기 핵심기술의 국산화를 추진하는 것이 전략적 목표의 우선순위라면, 비록 전력화가 지연되고 사업비용이 올라가더라도 사업의 취지와 장기적 관점에서 핵심기술의 국산화를 추진하는 경로이다. 이 경

---

15) Marc R. Devore, "Arms Production in the Global Village: Options for Adapting to Defense-Industrial Globalization," *Security Studies*, Vol.22, No.3(Fall, 2013), pp.532-572.

16) Michael Green, *Arming Japan: Defense Production, Alliance Politics, and the Post War Search for Autonomy*(New York: Columbia University Press, 1995).

17) "국산화 우선 경로"와 "전력화 우선 경로"는 매우 이상적인 주장임을 필자는 인지한다. 그리고 이를 절충하는 주장도 존재한다. 다만, 방산업계와 국책연구소, 소요군의 주요인사들과 인터뷰를 통해 필자가 구성하고 정리한 내용임을 밝혀둔다.

우에는 핵심기술의 국산화와 인도네시아의 공동개발 지속 그리고 전력화가 사업의 전략적 목표가 될 것이다. 따라서 미국으로부터 기술이전이 거부되거나 우리 측이 적극적으로 제3국으로부터 핵심 기술을 이전 받는 정책을 시행하는 경우다. 결국, F-X와 보라매 사업을 분리하는 방향으로 진행된다는 것을 의미한다. 정부가 항공산업 육성방안으로 보라매 사업을 인식하고 정치경제적 지원을 지속한다면 경제성 논란은 줄어들 것이다. 즉 현재의 관점이 아닌 미래의 관점으로 본 사업을 추진할 경우 국산화 우선 경로는 가능할 것이다. 이 경로가 성공한다면 항공산업의 발전과 함께 공군의 항공전투력의 자생적 수급체계가 확립될 것이다.

국산화를 우선적으로 주장하는 근거는 현재 한국의 기술 수준과 해외에 지불하는 기술비용을 감안하면 항공기 주요 부품과 기술을 국산화해야 한다는 것이다. 한국의 항공기술 자립화를 위해서는 보라매 사업을 활용하여 도약해야 한다는 주장이다. 특히 이러한 주장은 레이더 개발에 주목한다. 한국의 지상과 함정용 레이더 기술은 세계적인 수준에 근접해 있으며, 사실, 2000년 이후 지상 배치와 함정용 탑재 레이더는 국내 자체 개발로 이미 실전화되어 있다. 그러나 항공용 레이더의 경우 무인기용 영상 레이더는 개발하고 있지만, 전투기용 능동위상배열(AESA) 레이더는 아직 개발이 미진하다. 그나마, 반도체 송수신기 모듈과 위상배열 안테나와 같은 하드웨어의 경우, 선진국 수준이라고 자평할 수 있겠지만, 공대공 및 공대지 운영 모드와 다양한 임무를 수행하기 위한 소프트웨어 기술은 사실상 검증할 기회를 가지지 못했다. 이는 우리가 전투기를 직접 개발하지 못하였기 때문이다. 이와 같이 소프트웨어 부분의 기술이전과 개발이 시급하다는 논리다.

특히, AESA 레이더를 국내 개발해야 하는 이유는 기술의 독자화 자체만을 위해서는 아니라는 주장도 있다. 사실, 블랙박스화해서 구입하면, 보다 보라매 사업에의 성공 가능성을 높이겠지만, 이 레이더 체계를 미국에서 직구매할 경우, 원천기술을 가진 미국의 통제를 받을 수밖에 없다는 것이다. 즉, 전투기에서 운용하는 공대공 및 공대지 미사일은 레이더와 연동되어 투사된다. 국산전투기의 레이더를 미국산을 사용탑재하고 국내산 공대공, 공대지를 미사일을 사용하게 되면 연동의 문제가 발생한다. 즉, 무기체계와 감시체계와의 연동을 위해서는 미국의 승인을 받아야 하며, 연동 비용을 지불해야 한다. 이 주장은 연동비용이 사실상 레이더를 생산한 측이 부르는 게 값이기 때문에 비용부담이 크다는 것이다. 더욱이 미국산 레이더를 장착한 국산전투기가 과연 국산전투기인가라는 정체성의 문제에 직면하게 될 것이라는 비판을 한다. 당연히 보라매 사업의 취지가 퇴색될 것이기 때문에 이 기회에 레이더는 물론 핵심 기술과 부품을 국산화해야 한다는 주장이다.

국산화 우선경로에는 문제점이 있다. 국산화를 사업의 목표로 할 경우, 전력화 시기가 지연될 가능성이 높다. 지연된 사업은 보다 많은 예산과 예산환경의 불확실성을 완화시켜줄 정치적 뒷받침과 방산업계의 통합된 지지가 요구된다. 그러나 보라매 사업이 직면한 예산환경은 여전히 불확실할 뿐만 아니라, 국산화에 대한 이견은 방산업계에 존재하고 있다.

2) 전력화 우선 경로

공군의 전투항공력의 공백이 시급한 문제로 부상한 만큼, 이를 해결할 수 있는 방안으로 국산전투기의 전력화가 우선이라는 시각은 전력화 우선 경로가 적절하다고 주장한다. 즉, 전력화를 사업의 우선 목표로 두는 경우다. "전력공백"을 해소하는 국산전투기의 전력화를 우선순위로 할 경우, 미국의 핵심 기술과 부품을 블랙박스화해서라도 장착할 수밖에 없을 것이다. 이 경우, 사업 비용과 예산의 불확실성이 축소될 가능성이 높다. 본 사업의 주관업체 입장에서 본다면 복잡하고 위험도가 큰 임무장비 개발에 부담을 느낄 수 있다. 따라서 검증된 해외 장비를 직도입하고자 하는 사업적 경향(Business Propensity)이 있다. 국산화 비율을 하향 조정해야 하지만, 사업의 기한을 충족할 가능성이 높다는 주장이다.

전력화 우선 경로의 논지적 근거는 국산화의 리스크가 높다는 데 있다. 또한 국산화 우선 경로가 국산 전투기 개발의 성공 확률을 과대평가한다는 점을 비판한다. 전투기 개발 역사를 통틀어 정해진 일정과 비용하에 전력화에 성공한 사례가 없다는 점과 사업 중간에 실패한 사례를 든다. 록히드마틴 또한 F-35 개발 사업에서 여전히 난관을 겪고 있는 점을 본다면 전투기 개발은 불확실성이 높은 사업이라는 것이다.

따라서 핵심기술이전에 대해서도 전력화 우선 논리는 오히려 전투기를 구성하는 부품보다 체계종합/통합기술이 중요하다고 주장한다. 즉, 자동차의 외형, 조종장치, 서스펜션, 엔진, 유압장치, 전기장치를 결합해서 최적화하는 것이 자동차 안전과 성능에 더욱 중요하다는 논리인 것이다. 따라서 자동차 보다 10배 이상 부품이 결합된 항공기의 핵심기술 역시 체계종합/통합일 뿐만 아니라, 이를 위한 비행, 항전, 무장제어를 관할하는 소프트웨어가 중요하다는 논리이다. 따라서 미국과 같이 엔진, 핵심 항전장비 등을 자체적으로 개발하기 어려운 만큼 체계종합/통합기술과 이를 위한 소프트웨어 개발 능력 확보를 우선하고 이를 통해 전력화를 달성해야 한다는 논리이다.

특히 전력화 우선 논리는 T-50 개발 경로가 중요한 함의를 제공한다고 주장한다. 즉, 한국 정부가 소유권을 갖는 T-50은 전력화에 성공했을 뿐만 아니라, FA-50으로 진화되었다는 점을 강조한다. 이를 통해 운용유지비와 가동률을 개선하였고, 수출까지 이루어진 'T-50의 성공 사례"가 국산화 우선을 주장하는 목소리에 의해 과소평가되었다고 점을 내세운다. 전력화 우선 주장은 핵심기술이 여전히 국산화되지 않았다는 점은 인정하면서도 이러한 비난은 시장환경을 무시하는 비판이라고 대응한다. 즉, 부품의 국산화가 중요하다면, 삼성으로 부터 주요 부품을 구매하는 애플은 핵심역량이나 기술이 없다는 주장과 같다는 것이다. 결국 T-50과 FA-50과 같은 항공기 개발에 성공해 체계종합 및 통합 기술을 확보했다면 부품 레벨과는 비교할 수도 없는 핵심적인 기술을 확보하였다는 주장이다. 맥락적 차원에서 핵심기술이나 부품의 국산화라는 명제는 찬성하나, 보다 중요하게 고려해야 할 점은 "어떤 부품을, 어떤 기준으로 선정하여, 어떻게 국산화하느냐"라는 주장을 편다. 특히 국산화를 강조한 나머지, 비용은 차치하더라도 개발 지연/실패할 경우 전투기의 전력화에 치명적인 요소가 되며 사업 일정 차질로 업계 전반의 생산공백을 유발할 것이라는 주장이다.

전력화 우선 경로에도 문제점은 존재한다. 특히, 기술의 국산화라는 사업의 본 취지는 퇴색될 것이며 앞서 기술한 한국공군의 무기 획득 패턴을 크게 벗어나지 않는다고 할 수 있다. 또한 미국 측에 기술비용을 지불해야 할 것이다. 항공산업의 Spin-Off 역시 불확실하다. 또한 인도네시아와의 협력은 보다 위축된 상황에서 진행될 가능성이 높다. 특히, 제한된 기술이전이 예상되는 바 인도네시아의 반발이 예상된다. 결국 인도네시아의 협력에 대해 재고할 상황에 직면할 수도 있을 것이다. 이 전력화 우선을 목표로 설정할 경우 외국업체가 얼마나 공약사항을 잘 이행할 것이냐가 사업성공의 관건이 될 것이다.

이 두 가지 경로는 본 사업이 승인 단계와는 달리 시행 단계에서 사업의 목표가 세분화될 필요가 있음을 보여준다. 국산 전투기 개발을 위해 건국 이후 대한민국 공군의 획득 패턴을 과감히 탈피할 것인가? 아니면 전력공백을 자생적으로 극복하기 위한 방안으로 리스크를 낮추고 전력화를 우선해야 하는가? 국산화 우선 경로와 전력화 우선 경로는 사실 상호 배타성을 띠고 있다고 볼 수 없다. 중요한 점은 "국산화"를 어떻게 정의할 것인가이며, 전력화를 목표로 하되 그 과정의 국산화를 어떻게 진행할 것이냐라는 방법론의 문제이기도 한다. 결국, 국가 차원의 정책 추진 의지와 지원 규모, 기술 확보 필요성, 전투기 운용 및 성능개량, 핵심기술 및 개발 역량, 일정과 예산 등을 객관적으로 고려하여 사업의 목표와 진행 순위 등을 세분화해야 할 필요가 있다. 전력화는 분면 안보 차원에서 시급한 문제이다. 그러나 우리는 "명품무기"들의 실패 사례를 끊임없이 지켜봐야 했다. 이 사업이 추진될 수 있도록 명확한 전략과 그 진행 경로에 따른 대체 시나리오 수립도 중요할 것이다. 전투기 개발은 보라매 사업의 핵심이다. 또한 전투기 개발을 위한 핵심 기술의 국산화 역시 양보할 수 없는 명제이다. 전력화 과제와 핵심 기술 및 장비개발이라는 연구과제를 양립 시키거나 분리할 수 있는 지혜가 모아져야 할 때다. "과정으로서의 보라매 사업"은 국방 및 첨단 방산항공기술의 자립화를 지향하고 미래형 자주적 군사력 건설에 공헌해야 할 것이다.

V. 결론

한국 사회의 민주화 이후, 여전히 카르텔이 심한 방산업계는 점진적으로 시민사회의 검증과 관심의 대상이 되어 왔다.[18] 그 관심의 초점은 합리성과 투명성이다. 따라서 보라매 사업은 사업추진의 합리성, 획득의 투명성 그리고 대북억제의 효용성의 측면에서 엄중한 관심의 대상이 될 것이다. 이 사업은 방산비리로 부터 절연되어야 할 뿐만 아니라 정치적으로 강력한 사업단의 출범이 요구된다. 결국, 국민은 보다 투명하고 혁신적일 뿐만 아니라, 합리적인 사업체제를 요구할 것이다. 앞서 논의 하였듯이 본 사업의 실패는 안보차원의 문제뿐만 아니라 방산업계와 항공관련 연구 분야에 심각한 결과를 초래할 것이다. 따라서 보라매 사업은 공군, 방산업계 그리고 국가의 연대책임이 요구되는 사업이다.

그러나 본 사업의 콘트롤 타워라고 할 수 있는 보라매 사업단의 출범의 지연은 매우 우려스럽다. 사업단의 위상은 재조정되어야 할 필요가 있다. 또한 구성면에 있어서도 보다 전문성을 띠어야 할 것이다. 사업단의 역할은 사업의 전략을 수립하고, 개발과정에서 발생하는 각종 문제점들을 성능과 일정, 그리고 예산의 차원에서 신속한 의사 결정을 하는 것이다. 이를 위해서는 소요군 공군의 전문성은 존중되어야 한다. 또한 항공기술 전문가 그룹의 조언이 반영될 수 있는 제도적 방안이 마련되어야 한다. 또한 사업과정 중, 방사청과 국방부가 통제할 수 없는 의사결정과 정치적 사안이 생기게 마련이다. 유동적인 사업환경에 대처하기 위해서는 사업단장의 신속한 의사 결정과 부처 간 조정 능력이 중요하다. 이를 위해서는 사업단의 위상은 격상되어야 할 필요가 있다. 이 사업단이 방사청안에 남는다면, 행자부, 기재부, 국방부, 국회와의 공조를 하기 위한 행정부 내 정치력이 낮아질 것이다.

---

18) 아이러니한 점은 1991년 최종기종이 변경된 F-X 1차 시기 이후 시민사회의 감시는 본격화되었다.

특히 예산의 확보와 조직의 위상, 그리고 인력 충원을 위해서는 범정부차원의 협업이 가능한 사업단이 되어야 한다.

사업단의 정치적 위치도 중요하지만 구성원의 전문성과 투명성 역시 간과할 수 없다. 보라매 사업의 핵심은 최단기간에 최고의 국산화율을 자랑하는 4.5세대급의 전투기를 개발하는 것이다. 이를 위해 앞서 서술하였듯이, 기술이전과 비용산출이 핵심적으로 중요하다. 그리고 이는 미국 정부와 협상을 통해 이루어진다. 즉, 가장 적절한 가격에 최대한의 기술을 이전받아야 하는 것이다. 이를 위해 비용과 기술에 대한 분석이 냉철하게 이루어져야 할 것이며, 이를 위해서는 이 분야의 민간 전문가들이 참여해야 할 것이다. 따라서 국방과학연구원, 한국국방연구원 및 민간기관의 전문가들이 참여하여 내용과 분석에 근거하여 협상을 진행할 수 있어야 할 것이다. 현재 난무하는 방산비리의 근본적 원인은 비용과 기술의 분석이 허술했다는 점이며, 이러한 부분에 상호 심의할 수 있는 토대가 이루어져 할 것이다. 보라매 사업 그 자체의 성공도 중요하지만 사업의 과정으로서 보라매 사업은 한국형 무기 개발의 제도적 기반을 남겨야 할 것이다.

보라매 사업은 여전히 실현해야 할 대한민국 안보의 꿈으로 남아 있다. 더욱이 타당성 검토에서 승인까지 겪었던 질곡의 시기는 앞으로 이 사업의 성공을 위해 극복해야 할 도전에 비하면 더욱 고될 것으로 예상된다. 이 사업의 성공은 한국 미래 산업의 꿈이 하늘에 있다는 지도자의 비전이 확고해야 할 것이다. 또한 방산비리로 이 사업을 절연시켜 한국의 영공에 우리의 전투기를 이륙시켜야 할 책임은 이 시대 방산업계와 안보전문가, 정부에 있다.

보라매 사업과 창조경제, 연관효과는 있는가?

이대열 | 국방과학연구소

Ⅰ. 서언

건국 이래 최대의 연구개발 전력증강 사업인 보라매(KF-X) 사업이 작년 말 방추위에서 인도네시아와 국제공동 연구개발 사업으로 체계개발을 추진하는 것으로 결정하였다. 이러한 배경으로는 종합기술 복합체인 전투기를 개발함으로써 부가가치가 높은 첨단 기술을 융합할 수 있는 상품이 되게 된다는 것이다. 현 정부는 과학기술과 인적자본을 중심으로 융합하여 새로운 성장의 동력을 창출하여 창조경제를 달성하려 하고 있다. 따라서 현 정부의 창조경제와의 연관효과를 기대할 수 있는 신성장 동력으로 보라매(KF-X) 사업을 선정하였다고 볼 수 있다.

공군은 전투기 성능을 기준으로 하이급, 미드급, 로우급으로 구분하여 정의하고 있다. 보라매 사업은 공군의 노후화된 F-5, F-4를 대체할 수 있는 미드급 신규전투기를 연구 개발하는 사업이며, 이 전투기들은 공군의 미래

핵심전력으로 운영할 전투기이다. 우리나라의 영공방위의 선봉에서 국산무장, 국산레이더 등 독자적인 성능개량이 가능한 전투기를 개발하는 중요한 사업이다.

보라매 사업이 창조경제와의 연관성을 확인하기 위해 군의 전력증강효과는 제외하고 순수하게 연구개발비용을 포함하여 군에서 운영하는 총수명주기 동안의 모든 비용과 직구매의 경우를 가정하여 직접비용을 검토해 보고, 간접적으로 전투기 개발기술의 산업파급효과와 기술파급효과 그리고 고용창출효과를 분석하고자 한다. 또한 개발 후 수출가능성을 포함한 시장성에 대한 검토를 하여 보라매 사업을 통해 현 정부에서 제일의 국정과제로 삼은 창조경제에 크게 이바지할 수 있는 새로운 성장 동력의 역할을 수행하고 국가 안보는 물론 우리 경제에 이바지할 수 있는지 검토해 보기로 한다.

II. 총수명주기(LCC)와 직구매비용 비교 검토

보라매(KF-X)사업의 비용추정은 탐색개발 결과를 인용하여 크게 전산모델(PRICE)과 공학적 방법을 사용하였다. 두 가지 방법으로 분석한 후 상호 비교하여 보니 유사한 결과가 나왔고, 보다 정확한 공학적 추정방법으로 나온 결과를 정리하였다. 전투기의 가격은 F-16은 4,000만 불에서 6,000만 불이고 F-35 등 하이급은 1억 불 이상의 가격이 형성되어 있다.

보라매는 쌍발 미드급전투기로 단발인 F-16보다는 우수한 전투기로 직구매한다면 대상전투기로는 F-18 E/F로 볼 수 있다. 따라서 직구매 기준 가격으로 F-18 E/F 단가로 미국방부 발표자료 SAR(Selected Acquisition Report, '08.4.8)에 의하면 893억 원을 기준으로 〈표 1〉과 같이 비교 검토하였다.

이러한 수명주기비용에 대해 기관마다 차이가 나기 때문에 비용분석의 전문기관인 미국의 PRICE사와 스웨덴의 FOI/SAAB항공사의 검토를 받아

〈표 1〉 총수명주기 비용 및 직구매 비교 검토 및 검증

구분		연구개발비	양산비	운영유지비	합계
비용 분석	연구개발비	6조 원	8조 원	9조 원	23조 원
	직구매		11조 원	17조 원	28조 원
검증	PRICE SYS.	6.5조 원	8.6조 원	8.3조 원	23.4조 원
	FOI/SAAB	6.4조 원	6.3조 원	7.6조 원	20.3조 원

비교 분석하여 〈표 1〉과 같이 검증하였다.

결론적으로 군에서 30년 운영하는 총수명주기 비용으로 비교해 볼 때 직구매보다 5조 원의 경제성이 있는 것으로 예측하였다.

III. 보라매(KF-X) 파급효과 분석

보라매의 연구개발사업은 총수명주기 비용 분석 이외에도 산업파급효과, 기술파급효과, 고용창출효과의 부수적인 파급효과가 있다.

1. KF-X 산업파급효과

KF-X 산업파급효과는 KF-X 사업에 의해 생산되는 재화와 용역이 타 산업에 어떻게 파급되어 영향을 미칠 것인가를 산업연관분석에 의하여 정량화한 결과이다. 이에 대한 그동안의 연구들은 모두 최근년도 1년의 산업연관표만을 적용하여 분석하였으나, 본 연구에서는 KF-X의 양산이 2020년 이후에나 가능하다는 점을 고려하여 우리나라가 IMF 체제에서 벗어난 2000년부터 2009년까지의 추세까지도 포함하여 분석함으로써 당해 연도의 파급효과

는 물론 미래까지 예측할 수 있도록 하였다.

분석은 생산측면, 부가가치측면, 취업(고용)측면에 대하여 실시하였다. 산업연관표에는 '전투기산업'이 분류되어 있지 않으므로 대부분의 기존 연구들과 마찬가지로 산업연관표 분류의 '항공기산업'의 계수들을 적용하여 KF-X 사업의 투입계수를 이용하여 파급효과를 분석하였고 국산화율 65%로 가정하였다.

1) KF-X 사업의 투입계수를 적용한 분석

(1) 생산유발효과(Production inducement effect)

우리나라 항공기산업의 생산량은 국내 전체산업의 생산량 대비 0.1% 정도의 비중으로서 컴퓨터 산업(0.3%), 승용차 산업(1.6%) 등에 비해 상대적으로 낮은데, 그 주된 이유는 우리나라의 항공기산업이 수입의존도가 높기 때문이다.

각 산업부문 생산물의 수급관계를 보면 중간수요와 최종수요의 합계에서 수입을 차감하면 총산출액과 일치하므로 행렬식으로 표현하면 다음 수식으로 나타낼 수 있다.

$$AX + Y - M = X$$

이 식을 전개하여 X에 대해 풀면 $X = (I-A)^{-1}(Y-M)$이 되는데 여기서 $(I-A)^{-1}$ 행렬을 생산유발계수라고 한다. 여기서 A는 투입계수행렬, X는 총산출액 벡터, Y는 최종수요 벡터, 그리고 M은 수입액 벡터이다. 수식에 전투기 개발부서의 비용자료를 적용하여 생산유발계수를 도출한 결과는 다음과 같다. 생산유발효과는 수식 『생산유발효과(액) = 투자비 × 생산유발계수』에 의하여 정량화가 가능하다. 여기서 생산유발계수는 100% 국산화일 경우이므로 국산화 65%의 경우는 생산파급효과를 65%로 감축하는 것으로 가정하였고, 생산파급효과는 각 단계의 투입비용의 합을 14조 원으로 가정한 결

〈표 2〉 생산유발효과(Production inducement effect)

구분	개발단계	양산단계
비용	6조 원	8조 원
생산유발계수	2.25	2.40
생산파급효과	8.8조 원	12.5조 원

과이다.

KF-X 사업의 투입계수를 이용한 생산유발계수는 개발단계에 2.25이고 양산단계에는 2.40이다. 금액으로 환산하면 개발단계에서는 8.8조 원, 양산단계에서는 12.5조 원의 유발효과로 21.3조 원으로 나타났다.

(2) 부가가치유발효과(Value added inducement effect)

부가가치유발효과는 수식 『부가가치유발효과(액) = 투자비용 × 부가가치유발계수』에 의하여 정량화가 가능한데, 부가가치유발계수는 생산유발계수 산출과 같은 방식으로 부가가치유발계수를 산출한 결과는 다음과 같다. 여기서 부가가치유발계수는 100% 국산화일 경우이므로 국산화 65%의 경우는부가가치유발효과를 65%로 감축하는 것으로 가정하였고, 생산파급효과는 각 단계의 투입비용의 합을 14조 원으로 가정한 결과이다.

〈표 3〉 부가가치유발효과(Value added inducement effect)

구분	부가가치유발계수	부가가치유발효과
개발단계	0.80	3.1조 원
양산단계	0.77	4.0조 원

(3) 취업유발효과(Employment inducement effect)

우리나라 항공기 산업의 취업자 수는 산업연관표에 의하면 전체 산업의 0.04% 정도이다. 참고적으로 컴퓨터 산업은 0.06%, 자동차 산업은 0.4%이다. 분석 대상기간 중 항공기산업의 취업자 증가율은 약 9%로 전체 산업의 증가율인 18.3%보다 작다.

취업유발효과는 수식 『취업유발효과 = (투자비용/10억) × 취업유발계수』에 의하여 정량화가 가능하며, 유발계수는 산업연관표의 추세를 분석하여 도출하였다. 투자비를 16조 원으로 가정하여 분석한 결과는 다음과 같다.

〈표 4〉 **취업유발효과**(Employment inducement effect)

구분		보라매
① 65% 국산화 가정	취업유발계수	8.2
	취업자유발	131,200명
② 100% 국산화 가정	취업유발계수	14.76
	취업자유발	236,160명

도표는 보라매 사업에 16조 원을 투자한다면 ① 65% 국산화 고려 시에는 취업유발효과는 총 131,200명 수준, ② 100% 국산화 가정 시에는 총 236,160명 수준이라는 의미이다. 위 표는 보라매 사업이 국산화를 많이 할수록 취업유발효과가 크게 유발하는 산업임을 나타내 주고 있다.

(4) 분석결과 종합

KF-X 사업의 투자비가 16조 원이라는 가정하에 2000~2009년 산업연관표의 추세를 적용하여 도출한 산업연관분석 결과는 다음과 같다.

〈표 5〉 **산업연관분석 결과**(Summary of industrial spillovers)

구분	생산파급효과	부가가치유발효과	취업유발효과
65% 국산화 가정	21.3조 원	7.1조 원	131,200명

2. KF-X 기술파급효과

기술파급효과는 특정산업의 기술이 다른 산업의 기술개발로 이전되어 해당산업의 활성화를 유발하는 효과를 말하는데, 개발 기술의 파급효과를 정확하게 정량적으로 측정한다는 것은 현실적으로 쉽지가 않다. 그래서 그동안 많은 학자들이 기존의 정성적 방법에서 탈피하고자 계량적 추정 방법을 모색해 왔으나 아직 완전하게 합의된 정량적 방법은 제시되지 않은 실정이다.

본 연구에서는 주요 기술파급효과 연구결과들을 검토하여 기존 방법들의 장점 및 타당성들을 종합한 결과와 연구과정에서 유추된 아이디어를 기반으로 정량적 방법론을 도출하고, 그 방법을 적용하여 KF-X 개발의 기술파급효과를 정량화하였다. 즉 국내·외의 정량화 방법론들인 산업연관분석·특허분석·기술파급승수 계산법들의 타당성 있는 논리를 수용하여 방법론을 도출한 것이다.

그 외에도 본 연구는 정성적 연구를 통한 KF-X 기술파급 경로도를 작성함으로서 자체파급 효과뿐만 아니라 KF-X 기술과 민간기술과의 연계부분 파악이 용이하도록 하였고, 전문가 설문에 의해 기술기여도를 정량화하는 하나의 방법론을 제시함으로서 앞으로의 기술파급효과 정량화 기법 발전에 중요한 기초자료의 하나로 활용될 수 있도록 하였다.

1) 기술적 유사도와 기술적 공헌도

KF-X 개발기술이 파급될 수 있는 경로를 항공우주산업 등 아래 그림의 ①, ②, ③과 같이 3가지로 분류하고, 도식의 KF-X 관련 9대 구성기술이 각 분야로 파급되는 정도를 기술적 유사도와 기술적 공헌도의 2가지 지표를 통해 측정하였다. 항공우주산업의 상세분류는 KAI(한국항공), 방위산업의 분류는 2010 국방과학기술수준조사서의 분류를 적용하였다.

① KF-X 관련기술 ⇨ 항공우주산업(민수/군수)

② KF-X 관련기술 ⇨ 방위산업(항공제외 기타)

③ KF-X 관련기술 ⇨ 민간산업

〈그림 1〉 KF-X 개발기술 파급 경로 분류

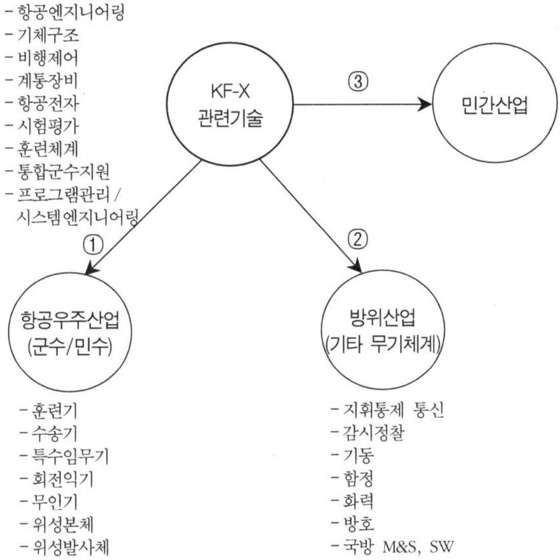

- 항공엔지니어링
- 기체구조
- 비행제어
- 계통장비
- 항공전자
- 시험평가
- 훈련체계
- 통합군수지원
- 프로그램관리/
  시스템엔지니어링

KF-X
관련기술

③

민간산업

①

②

항공우주산업
(군수/민수)

방위산업
(기타 무기체계)

- 훈련기
- 수송기
- 특수임무기
- 회전익기
- 무인기
- 위성본체
- 위성발사체

- 지휘통제 통신
- 감시정찰
- 기동
- 함정
- 화력
- 방호
- 국방 M&S, SW

2) 기술파급효과 정량화 방법론 적용

기존의 정량화 방법론들은 공식적이고 상업적인 기술이전에는 적합하지만 폐쇄성이 강한 국방기술에는 적용이 곤란하거나, 너무 큰 단위로만 추정되어 개별기술의 파급형태나 경로를 분석하기 어려운 한계가 존재하였다.

본 연구에서는 위와 같은 문제점들을 보완하여 KF-X 기술파급효과를 정량적으로 측정하기 위해 기술파급 매트릭스법을 사용하였다. KF-X의 구성기술 분류를 기준으로 9가지 구성기술들이 다른 산업에 미치는 영향을 기술파급계수로 도출한 후에 산업규모 및 지속기간을 곱하여 기술파급 규모를 산정할 수 있도록 다음과 같은 수식을 도출하였다.

수식: $X = \beta TCC \times M \times t$

X: 기술파급효과
β: KF-X 관련기술의 상대적 중요도
TCC: 파급대상 시장에 대한 KF-X 관련 기술 파급계수
(TCC 〈 Technology Contribution Coefficient〉 = 기술적 유사도 × 기술적 공헌도)
M: 파급대상 기술의 예상 시장규모
t: KF-X 관련기술의 파급지속기간

• KF-X 관련기술의 상대적 중요도(β): 개발 및 양산단계 9대 구성기술별 개발비 비율을 적용하였다.

구분	AV Eng.	Airframe	Flight Control	Utility System	Avionics	T&E	Training	ILS	SE
개발비 비율	0.040	0.439	0.090	0.066	0.173	0.087	0.043	0.040	0.022

• 기술파급계수(TCC): 기존 연구(Sharif N. and Ramanathan K., 1991)를 바탕으로 특정 분야 A와 B 사이의 기술적 유사도가 높을수록 상호 활용이 높아질 것이고, 이러한 상호작용이 증가할수록 기술적 공헌도가 증가한다는 것을 전제로 KF-X 관련기술의 파급계수를 기술적 유사도와 기술적 공헌도의 곱으로 정의하고 설문조사를 통해 유사도와 공헌도를 설정하였다.

• 파급대상 기술의 예상 시장규모(M): 한국항공우주산업진흥협회, 한국방위산업진흥협회, 2009년 산업연관표 자료를 활용하였다.

• 파급지속기간(t): 제트 전투기는 1950년대 이후 현재까지 60년 동안 1~5세대까지 진화했고, 대략 1세대가 진화하는 데 10~15년 정도가 소요되었음에 착안하여 항공기술이 일반화/보편화되는 데에는 약 10~15년이 소요된다고 추정하였으며, 현대의 항공우주기술의 급속한 발전추세를 감안하여 가장 작은 10년을 적용하였다.

- 기술파급효과(X): KF-X 사업으로 인한 기술파급은 국산화 품목에 의하여 발생할 것이며, 수입품의 경우는 없거나 미미할 것으로 판단하여 최종 계산결과에 KF-X 개발 시에 예상되는 국산화목표인 '국산화율 65%'를, 그리고 물가상승률 평균인 2.1%를 적용하여 2011년도 시장가격으로 환산하였다.

3) 분석 결과

(1) 항공우주산업에 대한 기술파급효과

- KF-X 구성기술과 각 항공산업분야와의 유사도(%)

구분	AV Eng.	Air frame	Flight Control	Utility Sys.	Avionics	T&E	Training	ILS	SE
고정익	87.8	88.6	87.8	86.1	86.3	88.2	86.3	88.8	90.4
회전익	67.5	67.5	66.7	73.9	77.5	75.5	72.4	80.8	82.2
무인기	75.1	77.1	78.0	76.1	77.5	78.4	-	77.5	82.2
위성	52.0	51.8	51.4	51.8	58.6	51.3	-	51.0	65.5
발사체	54.9	56.8	54.1	50.8	56.0	49.8	-	52.1	63.0

- KF-X 구성기술과 각 항공산업분야에의 공헌도(%)

구분	AV Eng.	Air frame	Flight Control	Utility Sys.	Avionics	T&E	Training	ILS	SE
고정익	69.0	66.0	65.0	68.9	66.4	65.2	67.5	67.8	65.8
회전익	68.2	69.2	70.8	69.9	68.4	71.1	69.3	71.7	65.8
무인기	70.1	67.1	65.1	69.7	6.5	67.1	-	68.5	71.2
위성	53.3	55.3	57.0	54.0	60.1	56.4	-	52.1	60.1
발사체	53.6	57.7	56.1	53.7	58.8	55.0	-	53.0	59.9

• TCC(유사도×공헌도)

구분	AV Eng.	Air frame	Flight Control	Utility Sys.	Avionics	T&E	Training	ILS	SE
고정익	0.606	0.585	0.571	0.593	0.573	0.575	0.583	0.603	0.595
회전익	0.460	0.467	0.472	0.516	0.530	0.537	0.502	0.579	0.541
무인기	0.527	0.517	0.508	0.530	0.050	0.526	-	0.531	0.585
위성	0.277	0.286	0.293	0.279	0.353	0.289	-	0.265	0.394
발사체	0.294	0.328	0.303	0.273	0.330	0.274	-	0.276	0.378

• 시장규모

구분	규모
고정익	2.2조 원
회전익	2,304억 원
무인기	266억 원
위성	986억 원
발사체	122억 원
계	2.6조 원

• 추정 결과

(단위: 10억 원)

구분	AV Eng.	Air frame	Flight Control	Utility Sys.	Avionics	T&E	Training	ILS	SE	계
고정	544	5,762	1,153	879	2,224	1,123	562	541	294	13,082
회전	42	472	98	79	211	108	50	53	27	1,141
무인	6	60	12	9	2	12	-	6	3	111
위성	111	124	26	18	60	25	-	10	9	283
발사	1	18	3	2	7	23	-	1	1	37
계	604	6,436	1,292	987	2,504	1,271	612	612	334	14,653
국산화율 65% 적용 시: **9,525**										

(2) 방위산업에 대한 기술파급효과

방위산업에 대한 기술파급효과는 방위산업 규모에서 항공산업 규모를 제외한 후에, 항공산업 각 분야에 대한 기술파급효과 도출과 동일한 방식으로 도출하였다.

(단위: 백만 원)

구분	계
지휘통제통신	1,592,291
감시정찰	1,866,170
기동	5,599,239
함정	2,867,904
화력	14,340,765
방호	473,667
국방M&S	509,254
계	27,249,290
국산화율 65% 적용 시: **17,712,038**	

(3) 민간산업에 대한 기술파급효과

민간산업에 대한 기술파급효과는 선정된 산업분야 중 항공산업과 방위산업 규모를 제외하고, 동일한 방식을 적용하여 기술파급효과를 도출하였으나, 기술적 유사도만은 측정이 용이하지 않아 별도로 적용하였다. 즉 기술적 유사도는 100%일 수도 있고, 50%일 수도 있고, 또는 0%일 수도 있는 등, 0%~100% 범위 내에서 균등하게 분포된다는 가정하에 중간치인 50%(0.5)를 적용하였다. 시장규모는 2009년 산업연관표를 적용하였으며, 산출한 결과는 다음과 같다.

(단위: 백만 원)

민간산업 파급효과	20,161,395
국산화율 65% 적용 시	**13,484,949**

(4) 기술파급효과 분석결과 종합

(단위: 백만 원)

항공우주산업	방위산업	민간산업	계
9,524,632	17,712,038	13,484,949	**40,721,619**

IV. 시장성(수출가능성) 분석

1. 시장성 분석 결과

객관적이고 다각적인 시장성 분석 결과 제시를 위하여 복수의 해외 분석 전문기관이 용역 수행하였다. 세계적으로 요구되는 전투기의 소요 대수를 아래 그림과 같이 파악하였다. 하이급과 로우급 전투기보다는 미드급의 전

〈그림 2〉 전 세계 전투기 예상 소요 대수

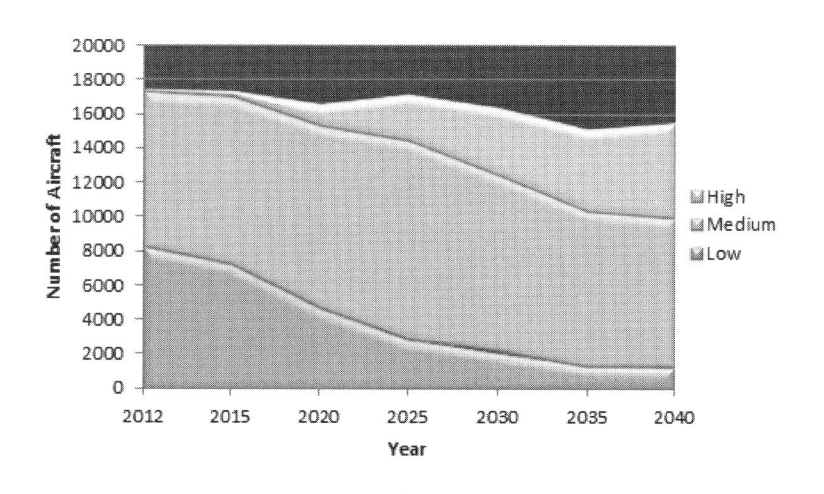

투기 소요가 꾸준히 있는 것으로 조사되었다. 하이급의 5세대전투기로서 대당 1억 불이 넘는 비싼 가격이 형성될 것으로 판단하였고 로우급은 기존의 전투기를 성능 개량하는 수준에서 소요가 있을 것으로 예측하였다. 따라서 미드급 전투기의 가격을 경쟁력 있게 개발한다면 충분히 수출가능성이 있는 것으로 전망하였다. 이미 확보한 국내소요와 인도네시아 소요를 제외한 순수하게 수출할 수 있는 대상국가를 선정하여 분석하였다.

1) 미국 IHS Jane's 社 연구 결과

항공기 시장 분석 연도는 2025~2040년을 대상 기간 잠재적인 수출 대상 30개국을 선정하여 분석하였다. IHS Janes는 아래 리스트에 있는 모든 국가들의 시장 수요를 예측하면 많게는 1,529대에서 적게는 588대로 예상하였다.

(가) F-35 후보 국가(터키 등 5개 국가): 100~365대
(나) F-35 배제 국가(이라크 등 6개 국가): 108~360대
(다) 4세대 전투기 대체 국가(핀란드 등 3개 국가): 36~156대
(라) 신흥 아시아 국가(인도 등 5개 국가): 154~324대
(마) 남아메리카 국가(브라질 등 6개 국가): 106~192대
(바) 중앙아시아 국가(카자흐스탄 등 4개 국가): 84~132대

이 중 우선순위가 높은 9개국 선정을 선정하여 예측한 결과는 다음과 같다.

- Israel *(High: 60 / Low: 40)*
- Turkey *(High: 100 / Low: 60)*
- Saudi Arabia *(High: 60 / Low: 0)*
- Egypt *(High: 120 / Low: 24)*
- Finland *(High: 48 / Low: 24)*

- Singapore *(High: 48 / Low: 12)*
- Sweden *(High: 60 / Low: 0)*
- India *(High: 100 / Low: 0)*
- Indonesia *(High: 80 / Low: 60)*

미드급 전투기 시장을 종합하면 보라매 양산단가가 7천만 불에서 9천만 불 사이라는 전제하에 많게는 676대에서 적게는 220대로 예측하였다.

2) 영국 SDI(Strategic Defense Intelligence) 社 연구 결과

항공기 시장 분석 연도는 2025~2040년을 대상 기간 잠재적인 수출 대상

	KF-X Market Opportunity: Expected Scenario	KF-X Market Opportunity: Best Case Scenario
Turkey	50	175
Indonesia	59	59
Philippines	0	24
Brazil	20	56
South Africa	0	26
Chile	0	10
Mexico	0	10
Argentina	25	25
Thailand	36	60
Malaysia	18	18
Colombia	0	20
UAE	0	0
Qatar	0	0
Singapore	0	24
Egypt	0	65
TOTAL	**208**	**572**

30개국을 선정하여 분석하였다. 이 중에서 우선순위가 높은 대상 국가를 15개국으로 압축하여 다음과 같이 선정하였다.

시장 분석 결과를 살펴보면 많게는 보라매의 양산단가가 6천만 불에서 8천만 불 사이라는 전제하에 많게는 572대에서 적게는 208대의 수출가능성을 전망하였다.

종합해 보면 양개회사 모두 보라매 양산가격이 6천만 불에서 9천만 불 사이이면 약 200대에서 700대의 수출가능성을 전망하였다.

V. 결론

본 연구문은 보라매(KF-X) 개발 사업이 본 정부의 국정과제인 창조경제와 연관성이 있는가에 대한 질문에 대하여 경제성 분석을 정량화하여 표현한 내용이다. 항공산업을 발전시키지 않고 선진국에 진입한 나라는 없다고 한다. 우선 직접적인 경제성 분석을 하였고 간접적으로 파급효과를 분석하였으며 수출가능성까지 외국의 전문기관의 용역을 통해 구체적 수치까지 제시하였다. 이러한 모든 경제적 효과를 정리하면 다음과 같다.

- 보라매 사업 추진 시 연구개발과 직구매를 비교할 경우 총수명주기 비용으로 비교 시 직구매대비 5조 원 이상 절약할 수 있다.
- 연구개발 시에는 직구매에서는 미미한 부수적 파급효과를 살펴보면 약 28조 원의 산업파급효과와 약 40조 원의 기술파급효과 가 있으며 약 13만 명의 고용창출 효과가 있다는 용역결과가 나왔다.
- 수출가능성에 대한 용역결과는 세계적으로 유명한 미국의 JANES회사와 영국의 SDI에서 비슷하게 양산가격이 6천만 불과 9천만 불 사이일 경우 약 200~700대의 수출이 가능하다고 예측하였다.

이러한 결과를 볼 때 보라매 사업을 추진하는 것이 현 정부의 국정과제인 창조경제에 크게 기여할 수 있는 훌륭한 성장동력으로 생각된다. 그러나 이러한 대형 국책사업을 추진하는 데에는 반드시 기술소유권을 우리가 확보한다는 전제조건에서 가능하다고 볼 수 있다. 우리 군에서 원할 때 언제든지 독자적인 성능개량이 가능한 국산전투기를 만들 수 있을 때 이러한 창조경제를 이룩할 수 있다.

우주산업과 창조경제

채연석 | 과학기술연합대학원대학교

박근혜 정부 140대 국정과제

전략	#과제	국정과제
3. 중소기업의 창조경제 주역화	19	중소기업 성장 희망 사다리 구축
	20	중소 · 중견기업의 수출경쟁력 강화
	21	창업 · 벤처 활성화를 통한 일자리 창출
	22	소상공인 · 자영업자 및 전통시장의 활력 회복
	23	영세 운송업 등 선진화
4. 창의와 혁신을 통한 과학기술 발전	24	국가 과학기술 혁신역량 강화
	25	우주기술 자립으로 우주강국 실현
	26	국제과학비즈니스벨트를 국가 신성장 거점으로 육성
	27	지식재산의 창출 · 보호 · 활용 체계 선진화
5. 원칙이 바로선 시장경제 질서 확립	28	경제적 약자의 권익보호
	29	소비자 권익보호
	30	실질적 피해구제를 위한 공정거래법 집행 체계 개선
	31	대기업 집단 지배주주의 사익편취행위 근절
	32	기업지배구조 개선
	33	금융서비스의 공정경쟁 기반 구축
6. 성장을 뒷받침하는 경제운영	34	대외 위험요인에 대한 경제의 안전판 강화
	35	금융시장 불안에 선제적 대응
	36	부동산 시장 안정화
	37	물가의 구조적 안정화
	38	안정적 식량수급 체계 구축
	39	안정적 세입기반 확충
	40	건전 재정기조 정착
	41	공공부문 부채 및 국유재산 관리 효율화

2

미래창조과학부 · 원안위 국정과제

과학기술 분야

과제 1. 과학기술을 통한 창조산업 육성
과제 3. 산·학·연·지역 연계를 통한 창조산업 생태계 조성
과제 24. 국가 과학기술 혁신역량 강화
과제 25. 우주기술 자립으로 우주강국 실현
과제 26. 국제과학비즈니스벨트를 국가 신성장 거점으로 육성
과제 27. 지식재산의 창출·보호·활용 체계 선진화
과제 95. 원자력 안전관리체계 구축

정보방송통신 분야

과제 7. 세계 최고의 인터넷 생태계 조성
과제 11. 정보통신 최강국 건설
과제 59. 통신비 부담 낮추기

3

과제 25. 우주기술 자립으로 우주강국 실현

□ 과제목표: 발사체, 인공위성, 달 탐사 등 최첨단 집약기술인 우주기술의 자립을 통해 안전하고 행복한 국민의 삶 구현

□ 주요내용: 우주개발중장기 로드맵에 따라 한국형발사체와 달탐사, 인공위성을 개발하고 관련 산업 생태계를 조성하여 신산업·일자리 창출로 연결

□ 이행계획
1) 한국형 발사체 개발을 통한 인공위성 자력발사 능력 확보
2) 인공위성 개발로 국가안전과 대국민 서비스 강화
3) 우주산업 육성을 통해 창조경제 구현에 기여
4) 우주 국제협력 강화로 우주개발 촉진 및 국가위상 제고

□ 기대효과
- 기술적·경제적 파급효과가 막대한 우주개발을 통해 고용창출과 생산유발 효과 증대
- 국민편의를 위한 서비스 제공과 국가안보로 직결되는 우주기술 자립을 통해 국가위상 제고

4

□ 2013년 세계 우주산업 규모는 346조원이며, 지난 5년 간 연평균 4.9% 성장

[그림 II-1] 연도별 세계 우주산업 규모

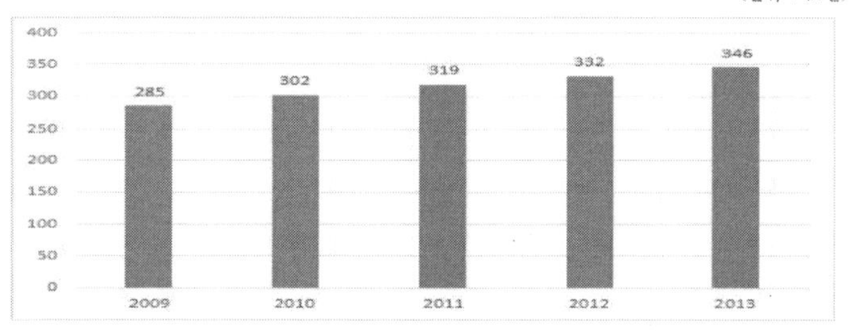

자료 : Space Foundation, "The Space Report 2014", 2014 ; 항우연 내부자료 재인용

□ 2013년 기준 세계 위성 제조 및 위성 서비스 시장은 205조원 규모로, 이는 2004년 대비 2.6배 성장

◦ 2013년 세계시장 규모 중 위성제작 분야 매출은 20조원

[그림 II-2] 세계 위성 시장

(단위 : %)

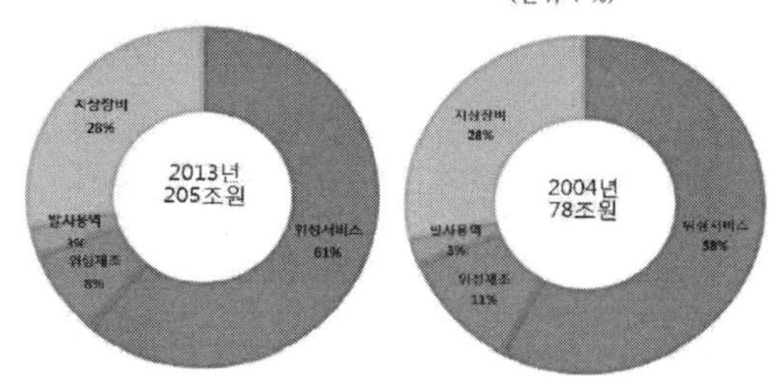

자료 : 2013년, "The Satellite Industry Report" ; 항우연 내부자료 재인용

□ 2014년부터 2023년까지의 상업 및 정부 위성 수요는 지난 10년 간 발사한 817기 보다 약 41.0% 증가한 1,155기로 예측되고, 이의 시장규모[8]는 273조원으로 추정됨

[표 II-1] 위성 수요 및 시장 규모 예측

(단위 : 기, 조원)

구분	위성 수요											시장규모
	2014	2015	2016	2017	2018	2019	2020	2021	2022	2023	합계	
상업위성	38	52	55	47	25	33	20	28	25	27	350	62
정부위성	84	85	87	90	88	83	78	76	63	71	805	211
합계	122	137	142	137	113	116	98	104	88	98	1,155	273

자료: Euroconsult, "SATELLITES TO BE BUILT & LAUNCHED BY 2023", 2014

○ 2015년 **우주개발 예산 총 3740억원**, 이는 **2014년 대비 17.6% 증가**한 수준이며 **정부R&D예산 증가분의 5.3% 정도로, 한국형발사체 2,555억원, 인공위성 926억원, 우주핵심기술개발 239억원**.

<사업별 예산내역>

사업명		'14년(억원)	'15년(억원)	증감율
한국형발사체개발사업		2,350	**2,555**	8.7%
우주핵심기술개발사업		230	**238.57**	3.7%
과학로켓센터건립		-	**10**	순증
인공위성개발	다목적실용위성개발사업	80.22	**90.66**	13.0%
	정지궤도복합위성개발사업	430.4	**708.58**	64.6%
	소형위성개발사업	79.8	**96.8**	21.3%
	차세대중형위성개발사업	-	**30**	순증
기타(국제협력 등)		10	**9.3**	△7.0%
총 계		3,180.42	**3,738.91**	17.6%

한국형발사체(KSLV-2) 개발사업
(2017년 시험발사예정)

임무 목표

- 태양동기궤도(SSO) 임무: 1.5톤 위성의 고도 700 km 태양동기 원궤도의 투입
- 지구저궤도(LEO) 임무 : 2.6톤 위성의 고도 300 km 지구저궤도의 투입

구 분	파라미터	SSO	LEO
위성	중량	1,500 kg	2,600 kg
궤도	근지점(투입) 고도	700 ± 7 km	300 ± 3 km
	원지점(반대편) 고도	700 ± 35 km	300 ± 20 km
	경사각	98.2 ± 0.1 °	80.3 ± 0.1 °

	1단	2단	3단	페어링
[illegible] (kg)	143,060	41,910	12,630	700
추진제 중량 (kg)	128,200	36,830	10,800	
구조 중량 (kg)	14,860	5,280	1,830	
구조비	0.104	0.126	0.145	
진공 추력 (ton)	304.12	80.45	7.0	
진공 비추력 (sec)	298.5	315.9	326.1	
연소 시간 (sec)	125.8	143.8	501.8	
이륙 중량 (위성 제외) : 198,300 kg				

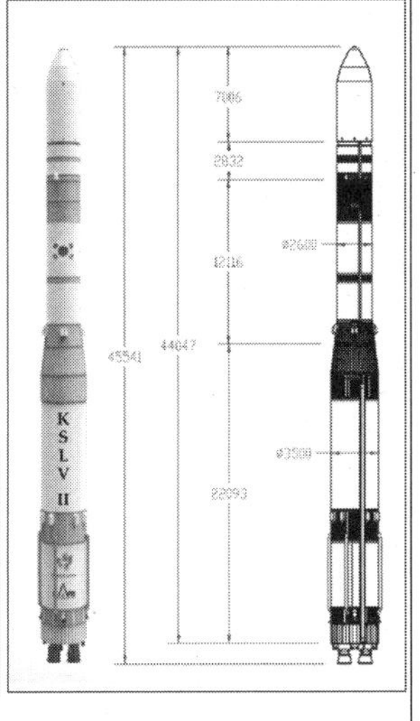

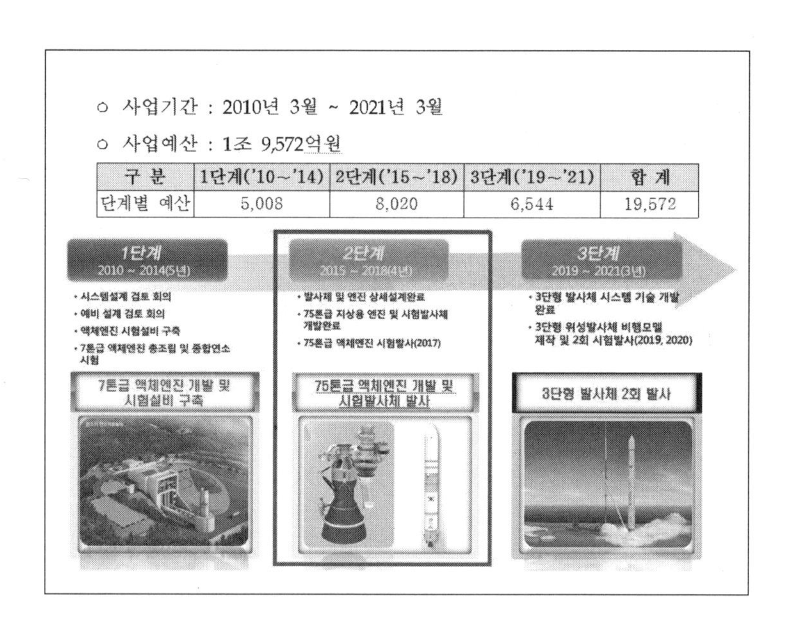

구 분	1단계('10~'14)	2단계('15~'18)	3단계('19~'21)	합 계
단계별 예산	5,008	8,020	6,544	19,572

아리랑 3호 발사 성공… 세계 4번째 서브미터급 위성 보유

	아리랑 2호	아리랑 3호	아리랑 5호	아리랑3A호
발사시기	2006년(계획수명 3년)	2012년	2012년 7월	2014년
해상도	1m	0.7m	1m	0.55m
하루 중 한반도 영상촬영 시점	오전 10시 30분	오후 1시 30분	주·야간	주간
특징	광학위성(밤이나 구름이 끼었을 때는 관측 불가)	광학위성(밤이나 구름이 끼었을 때는 관측 불가)	레이더영상(밤이나 구름이 끼어도 관측가능)	적외선(열감지 가능해 군사활동 조기경보 가능)
하루 한반도 관측횟수	1~2회 →	3~4회 →	6~8회 →	8~10회

세계 각국의 초정밀 민간관측위성

위성 이름	국가	해상도	발사시기
에로스-B (EROS-B)	이스라엘	0.87m	2003년
지오아이 (GeoEye I)	미국	0.41m	2008년
월드뷰 (World View II)	미국	0.46m	2009년
플레이아데스 (Pleiades)	유럽	0.5m	2011년

자료 : 한국항공우주연구원

위성 해상도(解像度)
위성 카메라가 땅 위 물체를 얼마나 정밀하게 찍어낼 수 있는지 나타내는 척도. 해상도 1m는 가로·세로 1m의 물체가 위성사진에서 한 픽셀(pixel)로 나타나는 것을 의미한다. 본격적인 정찰·첩보위성으로 여기는 서브미터(sub-meter)급은 가로·세로 1m보다 작은 물체를 파악할 수 있다는 뜻. 미국의 군사위성인 키홀(Key Hole)은 0.15m의 초정밀 해상도를 자랑한다.

오전엔 아리랑 2호, 오후엔 3호, 올 7월엔 야간 정찰 가능한 5호 떠

아리랑 5호

기 간 : 2005. 6~ 2013. 9
예 산 : 2,381억원
제 원 : 중량 1,400kg,
고도 : 550km
탑재체 : 레이다(SAR : 1m)

아리랑 3호

기 간 : 2004. 8 ~ 2012. 12
예 산 : 2,826억원
제 원 : 중량 1,000kg,
고도 : 685km
탑재체 : 고정밀 카메라 - 칼라(0.8m)

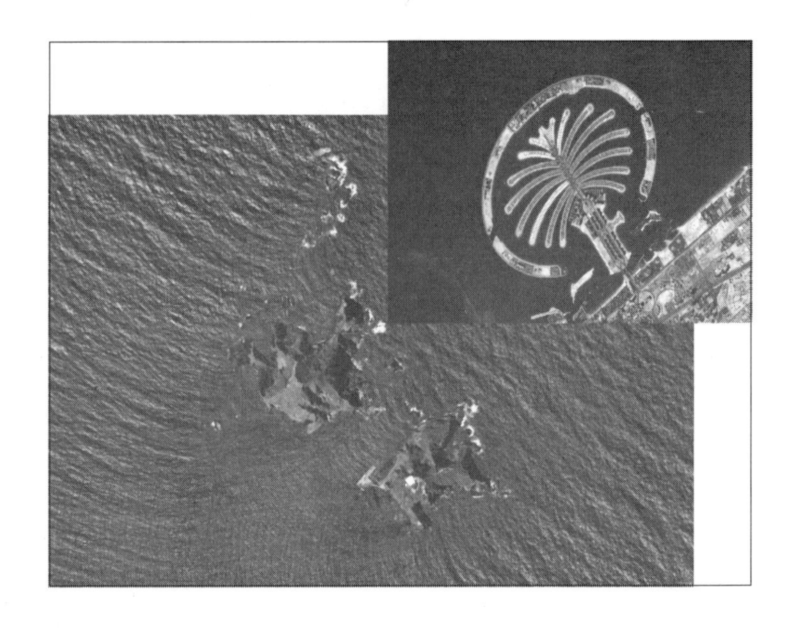

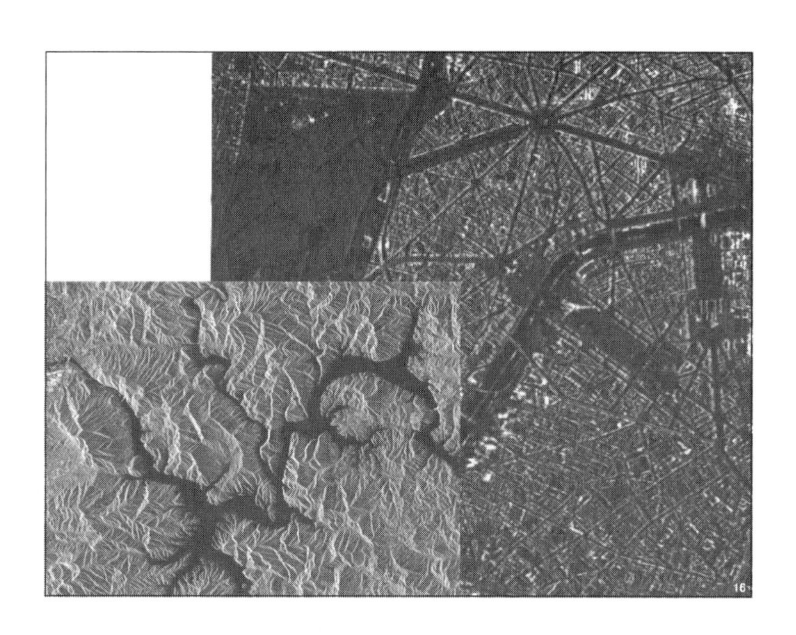

아리랑 3A

기 간 : 2005. 6~ 2015. 3. 26
예 산 : 2,381억원
제 원 : 중량 1400kg,
고도 : 528km
탑재체 : 적외선

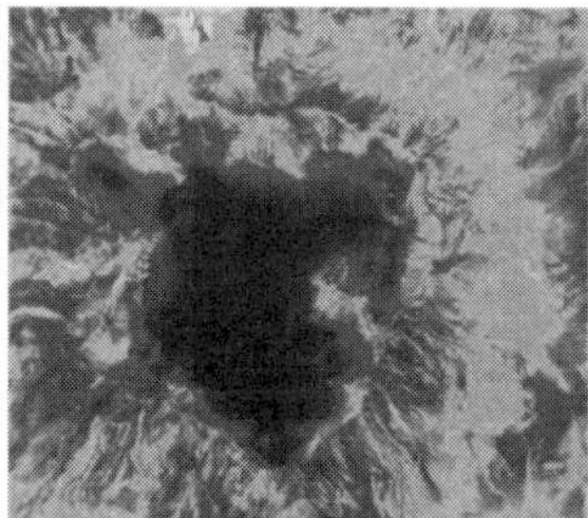

참고1 **「차세대중형위성 1단계 개발사업 계획(안)」 요약**

< 사업 개요 >

◆ **개발목표** : 500kg급 차세대 표준형 중형위성 플랫폼 확보 및 정밀 지상관측용(해상도: 흑백 0.5m급, 컬러 2m급) 중형위성 2기 국내독자 개발

◆ **참여부처** : 미래창조과학부(주관부처), 국토교통부(主 활용부처)

◆ **총 개발기간** : 2015년 3월~ 2020년 10월
- 1호 : '15년 3월 ~ '19년 12월, 2호 : '18년 3월 ~ '20년 10월

◆ **총 개발 예산** : 2,240억원
- 호기별 개발 예산 : 1호 1,572억원, 2호 668억원
- 부처별 개발 예산 : 미래부 1,541억원, 국토부 699억원

천리안

참여부처 : 교과부, 기상청
국토해양부
개발기간 : '03. 5월 ~ '10년
개발예산 : 2,880억원
궤도 : 정지궤도 (35,786 km)
탑재체 :
통신중계기 (Ka, Ku band)
해양, 기상관측 센서

21

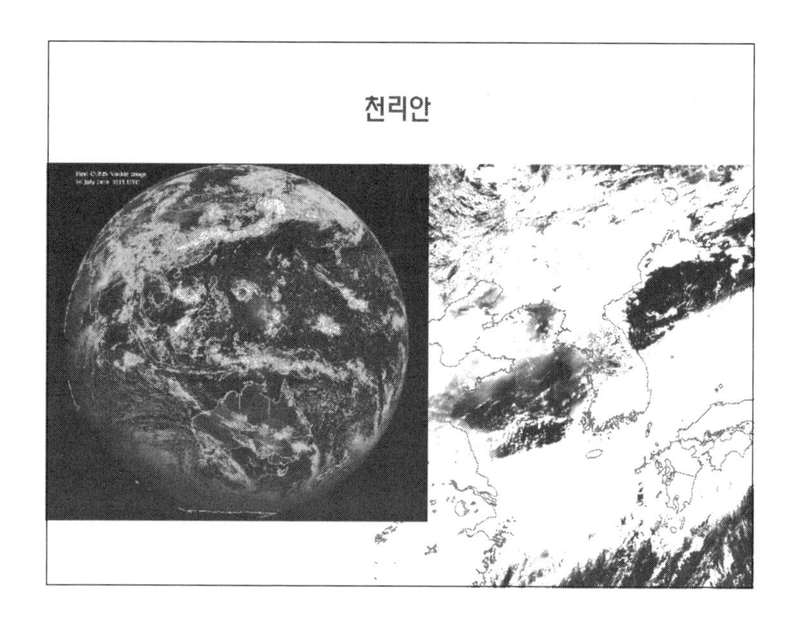
천리안

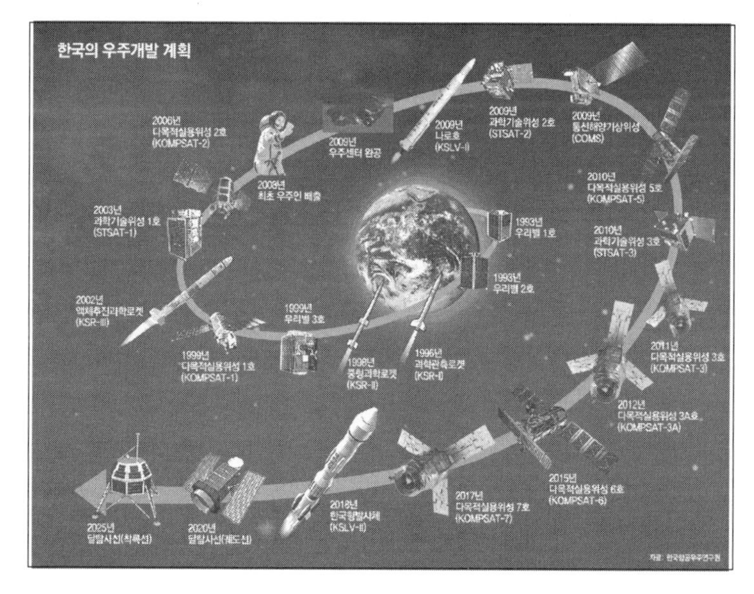
한국의 우주개발 계획
2006년
다목적실용위성 2호
(KOMPSAT-2)
2009년
우주센터 완공
2009년
나로호
(KSLV-I)
2009년
과학기술위성 2호
(STSAT-2)
2009년
통신해양기상위성
(COMS)
2008년
최초 우주인 배출
2010년
다목적실용위성 5호
(KOMPSAT-5)
2003년
과학기술위성 1호
(STSAT-1)
1993년
우리별 1호
2010년
과학기술위성 3호
(STSAT-3)
1993년
우리별 2호
2002년
액체추진과학로켓
(KSR-III)
1999년
우리별 3호
1999년
다목적실용위성 1호
(KOMPSAT-1)
1998년
중형과학로켓
(KSR-II)
1996년
과학관측로켓
(KSR-I)
2011년
다목적실용위성 3호
(KOMPSAT-3)
2012년
다목적실용위성 3A호
(KOMPSAT-3A)
2015년
다목적실용위성 6호
(KOMPSAT-6)
2017년
다목적실용위성 7호
(KOMPSAT-7)
2018년
한국형발사체
(KSLV-II)
2020년
달탐사선(궤도선)
2025년
달탐사선(착륙선)
자료: 한국항공우주연구원

항공산업 일자리 7만개 만든다

2020년 매출 200억弗 'G7' 목표… 기업 300개 육성 계획

"한국, 항공우주 강국될 환경 충분"

Session 3

종합토론

7 한국공군의 항공우주력 건설: 부채인가, 자산인가?

- 사회: 문정인
- 토론: Marc R. DeVore,
  박상묵, 장성섭, 김귀근

[종합토론]
한국공군의 항공우주력 건설: 부채인가, 자산인가?

■ **문정인:** 반갑습니다. 앞쪽으로 좀 와주시고요 그리고 종합토론 세션(round table session)이 기본적으로 저희들이 미팅하는 세션(session)인데, 그래도 청중에서 질문이나 의견을 받도록 하겠습니다. 그러니까 앞에 있는 분처럼 질문을 서명으로 해서 저희 진행요원에게 주시고요 저희가 이제 여기 참여하는 분들에게 전달하도록 하겠습니다. 오늘의 마지막 세션입니다. 저희들 종합토론 세션의 주제는 우리 한국공군의 항공우주력 건설: 부채인가 자산인가? 상당히 포괄적인 질문인데요. 제가 이렇게 하면서도 영어로는 liability or an asset라고 해서 근사한데 이거를 바꿔서 부채인가 자산인가 하는 것은 좀 이상하긴 하다고 생각합니다. 하여간 이 주제를 다룰 수 있는 최고의 전문가를 모셨습니다. 우선 옆자리에 계신 분이 Marc R. DeVore 교수님이십니다. 박수로 맞아주십시오.

우리 DeVore 교수는 주로 전투기 생산 업체 국가시장에 있는 업체들도 그렇고 이들 간에 전투기 생산하는 국가들 간의 비교 패턴들을 많이 분석을 했었는데요. 오늘 아마 좋은 질문을 많이 받아, 좋은 내용을 많이 전달할 거라고 믿고 있습니다. 바로 옆에는 여러분 잘 아시는 박상묵 장군님을 소개하겠습니다. 박수로 환영해주십시오. 지금 한서대학에 계시고요 공군을 대신해서 아주 전술적이고 도발적인 발언을 많이 하셨던 분입니다. 아직도 녹슬지 않았을 거라는 전제하에 저희들이 모셔왔습니다. 세 번째로는 KAI에 계신 장성섭 부사장님을 모셨습니다. 박수로 환영해주십시오. 이제 마지막으로 연합뉴스에서 국방부 출입하고 계시는 김귀근 차장님을 모셨습니다. 박수로 환영해주십시오. 아마 대한민국 분들이 국방관련 뉴스는 김귀근 차장이 쓰는 글을 제일 많이 아마 읽었을 겁니다. 상당히 예리하고 분석적인 기사들을 많이 내서 일부러 모셨습니다. 좀처럼 안 나오시는 분인데요 이번에 나오시게 되었습니다. 오늘 진행은 여기까지 하겠습니다. 한 시간 정도 있으니까요 질문은 풀어서 받도록 하고요 제가 있는 질문은 그냥 던지도록 하겠습니다. 여기서 제일 중요한건 한국공군의 항공우주력 건설: 부채인가 자산인가인데요 이것은 첫 질문은 제가 박상묵 장군님께 하겠습니다. 항공우주력, 이거 우리에게 필요한 겁니까?

• **박상묵:** 항공우주력 건설, 예, 자산인가 부채인가, 복잡한, 어려운 문제라고 생각합니다. 저는 군 출신이기 때문에 우선 안보적인 차원에서 접근을 하고 두 번째는 경제적인 문제를 얘기해 보겠습니다. 나라에서의 경제도 있지 않습니까 미국에 가보니 개도 신분증을 가지고 있더라구요. 맹인견도 신분증을 가지고 있는데 월남해가지고 사람들이 미국으로 도망을 가니까 대사관이 없으니까 신분증도 없이 살았냐 하는거죠. 북한이 연평해전에서 공격을 당하고 나서 해군에 한풀이로 천안함을 공격하고, 연평도폭격도 하지 않았습니까 여기에 대해서 우리가 응징을 하지 못했고 킬체인과 도발론적 차원에서만 늘 강조를 해왔습니다 그러니까 북한이 보란 듯이 탄도미사일을 장

착해서 발사하는 것을 공개하기에 이르렀죠. 이제 남은 것은 공군 비행기를 한 대 격추하는 것이 남아 있지 않느냐 이런 상황이 되다 보니까 지금 최근 이런 시대에서는 북한이 도발하면 공군에 "북한을 때려라"라고 얘기할 준비가 되어 있을 것 같습니다. 그렇다면 언제든지 공군 입장에서는 북한의 도발에 응징할 준비를 해야 할 단계에 와 있다는 거죠. 즉 이것은 자주적 공격을 갖추는 것이고 그것이 바로 차세대 국산 전투기를 만들어야 할 이유가 되는 것입니다. 그 다음에 전투기 개발 면에서 우리가 반성을 해보면, 제가 아직도 기억이 생생합니다. 2002년도에 김대중 대통령께서 공군사관학교 졸업식장에 오셔서 하신 말씀이 있는데 2015년, 바로 금년입니다. 바로 금년까지 한국형 차세대 전투기를 만들겠다고 장담을 하셨는데 그때부터 12년 동안 그냥 제자리걸음으로 우리는 타당성검토만 해 오고 있던 것이죠. 제가 기억하기론 열 번 정도. 그래서 나름대로 T-50, FA-50을 생산 공동개발한 이후에도 우리가 F-15K를 구매를 해서 우리가 전투기 개발 사업에도 공백이 생겼던 것이죠. 이렇게 봤을 때 "안보적인 측면에서 대단히 우리가 여러 가지 문제가 있다"라고 하는 것입니다. 우리 현실로 봤을 때 세계에서 3번째로 무기 수입을 하는 나라고, 어찌되었든 국방과학기술도 세계 10위권에 들어가 있습니다. 그렇다고 하면 이제는 공군력으로서의 가치를 더하고 국산화를 이루어야 할 시점이기에 경제적으로 이게 부채인가 자산인가, 이익이냐 아니냐 하는 것은 전 시간에 이해상황 … 조금 있다 계속하겠습니다.

■ **문:** 일단 여기서 끊고요. 김귀근 차장님. 박상묵 장군님께서 말씀하신 공군력이 그렇게 자주적으로 북한에 대해서 타격할 수 있는 것입니까? 전시작전통제권, 휴전협정 다 있고 한데, 우리에게 그런 자율성이 있습니까? 그리고 더 나아가서는 우리 김귀근 차장께서 국방부 측에 상당히 오래 계셨는데, 대한민국 공군이 독자적인 arms service

입니까 아니면 지상군을 지원해주는 지원군입니까? 그걸 좀 분명히 정리를 해주시고 넘어가셨으면 합니다.

- **김귀근:** 네 참 어려운 주제입니다. 전시작전통제권을 전환하면서 가장 논쟁이 되었던 것들이 공군의 작전은 그러면 어떻게 할 것인가였었죠. 합참의장이 공군사령관이나 공군총장에게 지시를 내려서 단독으로 작전을 할 것인가 등에 대한 것이었고, 이에 대해 기자들 사이에서 상당한 논쟁이 있었고 군 안팎에서도 있었습니다만, 결론적으로 7공군 사령관이 하는 것으로 정리가 되어 있는 겁니다. 왜냐하면 미국에서 지원 병력들이 대규모로 오는 것 때문에 한국이 어떻게 그 많은 미군 자산을 통제를 할 수 있겠느냐 그래서 그것은 미군이 해야 된다 그런 논리로 했었지요. 공군이 항공우주력 건설을 하면 대북억지에 있어서 평시에는 스텔스 전투기를 갖고 있는 것 자체가 국가자산에 큰 전략적인 의미가 있는 것 아니겠습니까? 그런 부분에서 공군력 건설은 당연히 필요한 것이고, 전시에 독자적으로 하는 것은 연합작전에 의해서 작전을 하기 때문에 저희도 일정 부분의 역할이 있겠죠. 전쟁났을 때 어디 비행단에서 어디로 가고 다 그런 것이 있지 않습니까 그런 부분에서는 우리가 일정 부분 독자적으로 전투를 할 수 있다 그렇게 말씀드릴 수 있겠습니다.

- **문:** DeVore 교수께 한마디 여쭙겠습니다. 외부에서 봤을 때에는 DeVore 교수께서는 여러 나라들의 항공우주력의 능력에 대한 기록평가를 많이 해오셨는데 지금 한국의 우주항공력 수준은 어느 정도 되죠?

- **DeVore:** Thank you for that question. Basically Korea has been following a relatively traditional trajectory among trying to build a strong aerospace industries of beginning with production of licensed products, going through intermediary stage such as the T-50, producing an aircraft that is a jet trailer, not as sophisticated or demanding as a full scale fighter with a fair amount of foreign deployment with the aspiration of going on to full autonomy. From that point of view this is seen in varying forms. In Japan, it was attempted, in India, in Taiwan, to some degree at People's Republic of China, and Israel. So, it fits what we have seen in 15 or so other cases globally. Now, the Republic of Korea has arrived at the most difficult stage of that process. The creation of a cutting-edge, fully competitive fighter aircraft is one of the most significant defense industrial challenge on this planet. Probably a nuclear submarine is the only this that is comparable or therefore difficult. And most states have either financially or in terms of complexity, not succeeded in durably going the next step.

• **드보어:** 질문 감사드립니다. 한국은 튼튼한 항공우주력 산업을 위한 일반적인 궤도를 따라 가고 있습니다. 이는 생산 허가를 받은 상품들로부터 시작하여 T-50과 같이 완전한 제트기보다는 요하는 기술이 세련되거나 복잡하지 않은 항공기나 제트기를 생산하는 중간단계를 거쳐서 궁극적으로는 완전한 독립성을 추구하는 것을 이야기합니다. 이러한 방법은 일본, 인도, 대만, 그리고 어느 정도까지는 중국과 이스라엘에서도 시도되었습니다. 전 세계적으로는 15여 개의 케이스들과 통한다고 볼 수 있습니다. 한국은 현재 이러한 단계들 중 가장 어려운 단계에 와 있어, 한 국가가 마주할 수 있는 가장 어려운 군수산업의 도전 중의 하나인 세계적으로 경쟁력을 가지는 전투기 생산을 추구하고 있습니다. 이러한 프로젝트에 비유할 수 있는 것은 원자력 잠수함의 생산밖에 없을 것입니다. 대부분의 국가들은 재정이나 기술적인 측면 때문에 결국 이러한 목표를 이루지 못했습니다.

■ **Moon:** Now there's the argument that the ROK Airforce is very precarious. KAI and we are about to purchase F-45. But we do not know when they will be delivered. Then we have F-15 and F-16, and we have outdated F-4 and F-5. Since you had analyzed a lot of comparative cases, what is your objective assessment of our Air Force capabilities particularly in terms of acquisition and deployment & operation of those fighters?

■ **문:** 대한민국의 공군이 매우 약하다는 주장이 있습니다. KAI는 F-45를 구매할 예정에 있으나 이것이 언제 보급될지는 불명확합니다. 그 외에 한국은 F-15와 F-16을 보유하고 있으며 도태된 F-4와 F-5가 있습니다. 교수님께서 여러 가지 국가들을 비교분석 하셨는데 습득능력과 배치 및 작전능력을 보았을 때 한국의 항공력은 어느 정도라고 평가하시겠습니까?

• **DeVore:** Do you mean the capability at this moment? Or the Industrial capabilities? Well, that all depends on what position and what sort of threat environment one is looking at. Probably for the North Korea threat, from the outsider's point of view, the current mixture of capabilities looks highly capable. North Korean airforce is an airforce that whose last sophisticated aircraft they received were 18 or so MIG-29s from the end of the Cold War. So in an air-to-air sense, the ROK has all the capabilities that meets their needs. The capability it needs is the ability to drop off particularly precision commissions, and potentially some stealth or low-observable capabilities for the possibility of the need to attack on nuclear capabilities of Weapons of Mass Destruction, but that does not necessarily have to be large. Now when you need a broader aerospace industry where you need probably fewer aircraft but higher tech aircraft is if you're looking for a potential buyer. The People's Republic of China's airforce has mushroomed over the past 15 years. At the time of the 1995 Taiwan Strait Crisis, it was still an overflow of Cold War museum with the J-6, basically a MIG-19 reverse engineered, being the most common element. I was looking at the ISS building military balance the other day, and at the moment, the People's Republic of China has around 850 aircraft of at least the class of the F-16, F-15. These are the J-11s, which is basically the SU-27, and the J-10s which are based on the Israeli lobby. So, if you're purely focusing on the North Korean challenge, the type of mixture you are going to want is different from the type for a broader regional perspective, where one is seeing more substantial investments in higher tech air forces.

• **드보어:** 현재의 군사능력을 말씀하시는 건가요 아니면 군수업 능력을 말씀하시는 건가요? 아무래도 위협 환경을 어떻게 보느냐에 따라 달라지겠습니다. 외부인의 관점에서 북한 위협에 대한 문제에 있어서 한국의 항공력은 무척 적절하다고 할 수 있겠습니다. 북한이 마지막으로 습득한 최신예항공기는 냉전 말기에 보유하게 된 18여대의 MIG-29입니다. 그러면 공중전의 경우 한국의 항공력은 충분하다고 볼 수 있습니다. 그 외에 필요한 능력들은 북한의 핵시설이나 대량살상무기를 파괴하기 위하여 정확한 위치에 포탄을 투하할 수 있는 능력이나 어느 정도의 스텔스, 혹은 저시인성 능력들이 되겠습니다. 물론 이러한 능력들이 대대적으로 있을 필요는 없겠습니다. 비록 수는 더 적으나 더 진보된 항공기를 요하는 더 포괄적인 항공우주력 산업을 양성하고자 하는 것은 잠재적 구매자를 원할 때 필요한 것이겠습니다. 중국의 경우 지난 15년 동안 항공력이 기하급수적으로

성장했습니다. 1995년 대만 해협 위기 당시에만 해도 중국의 공군은 냉전 박물관에서 볼 수 있을 만한 J-6 (MIG-19를 역설계한 기종입니다)가 대부분을 차지했습니다. 며칠 전에 ISS 군성장밸런스를 보고 있었습니다만, 현재 중국은 최소 F-16, F-15급인 전투기를 850여 대 보유하고 있었습니다. 이는 J-11, SU-27과 이스라엘 투자에 따른 J-10를 포함하겠습니다. 결국 북한에 포커스를 맞췄을 때 필요한 항공력과 더 큰 지역적 포커스에서 필요한 항공력은 다르다는 것입니다. 후자의 상당한 양의 투자가 더 필요할 것입니다.

■ **문:** 장사장님, 그동안 항공업체에 관여가 되어 있으셨고 지금 보라매 사업도 참여하시는 분인데, 업체입장에서 항공전력은 지금 어떻게 보십니까?

• **장성섭:** 저희 업체가 한국의 항공전력을 생각해 본 적은…

■ **문:** 현재 노후화되는 기종이 상당히 많은데 지금 봤었을 때 업체 입장에서 봐서는 한국 공군력이라고 하는 게 이 정도까지는 되었어야 하는 게 아니냐 하는 그런 기대가 되는 건 어떤 것들을 들 수 있습니까?

• **장:** 죄송한데요. 저한테 제가 답변하기 적절치 않은 부분 같은데요…

■ **문:** 업체 입장하고 군에 계셨던 분 입장하고 이렇게 언론 입장에서 보고 그 다음 업체로 넘어가려 합니다.

• **장:** 아까 최종건 교수님 말씀하실 때도 소요재기에 적합한 부서가 어디냐 그런 말씀이 있었는데 역시 그 무기를 사용하는 소요팀에서 가장 잘 알고 있고 거기에 맞춰서 소요제기를 하는 것이고 그런 방식으로 흘러가지 않는 현재 상황에서는 여러 가지 문제가 있는데 그런 모습

만 보면 저는 이제 개인적으로 여러 가지 군의 전력이나 이런 정보는 깊이 아는바가 없고 그냥 아카데믹하게 학교에서 배우고 그런 상황에서 볼 때 이런 생각은 들고 있습니다. 저희가 산업체에서 놓고 보면 저희 나라도 전투기를 선정하고 그런 작업을 할 때 굉장히 선제적으로 미리 좀 앞서서 했으면 하는 그런 생각이 들더라구요. 그런 것들이 저희가 뭐 제공 사례라든가 KF-16 사례라든가, F-5, F-35 선정하는 그런 사례들 중에서 굉장히 초기단계의 장기적인 어떤 의사를 갖고 좀 선정을 했으면 하는 바람이죠. 특히 산업체의 입장에서도 굉장히 좋은 여러 가지의 기술 확보라든가 산업의 물량 확보라든가 이런 면에서 많은 딜을 할 수 있었지 않나 이런 생각은 하고 있습니다. 앞으로도 결국 저희가 국민전투기 혹은 각 편제라든가 이런 것도 생각하시고 여러 가지 하실 수 있더라구요. 그런 것을 늦지 않게 미리 세계에 선진국 보급에 맞춰서 미리 들어가면 우리 군의 전력도, 저희 산업체에도 많이 도움되지 않을까 하는 생각을 말씀드리겠습니다.

■ **문:** 박 장군님께 여쭐게요. 지금 상당히 좋은 주제 중 하나가 저는 이 분야에 연구하는 사람들도 공군이 소요제기하지 않는 사실에 대해서 오늘 처음 알았거든요? 진실여부는 다시 방사청에 확인해 봐야겠지만요. 박사님, 정말입니까? 공군에서 소요제기를 할 줄 모릅니까? 능력이 없습니까? 그리고 만약에 지금 다시 현역으로 돌아가서 기창을 맡고 계신다면, 공군의 소요제기를 어떤 식으로 하시겠습니까?

• **박:** 대단히 어려운 문제를 말씀하시는데, 공군이 소요제기를 하지 않는다는 것은 있을 수 없는 얘기고요. 지금 우리가 구조적인 문제가 있습니다. 공군 무기 체계의 개발을 하는 데 우선순위에서 밀려왔었다. 이 우선순위에서 밀리게 된 이유가 각 군의 역학관계, 합참이라든가 국방부의, 지휘부 조성의 문제, 이런 것 때문에 계속해서 항공

기의 도입은 우선순위에서 제외되고 그 결과 항공기 도입 싸움을 통해서 비행기를 비싼 시기에 들여오다 보니깐 비행기 댓수는 유지가 되지만 도태되는 시기에 가서 한꺼번에 도태가 된다는 이런 근본적인 문제가 우리 안에 있게 되는 겁니다. 이렇게 되고 또 이렇게 하다가 보니까 문제가 운영유지비하고 성능개량, 차원에서 많이 발생한 것 아닙니까. 먼저 세션에서도 나왔습니다만, F-16사양 성능개량 산업이 2조 6천억 원이나 나왔습니다. 또 F-15기술지원비가 2조 4천억 원 또 여기다가 F-15가 들어온 지 5년밖에 안 됐는데 현재단계에서 벌써 부품 돌려막기를 시작했다는 얘기가 들리고 있습니다. 이렇게 보면 우리가 비행기 댓수는 제대로 가지고 있지만 도입과정에서 우선순위에서 밀리고 이렇게 사업을 추진하다가보니까 계속 악순환의 고리에 물려 들어갈 수밖에 없다는 식이죠. 이런 차원에서 생각을 해보면 우리가 나름대로 지금 어떻게 우리가 한국의 산업을 진행해가야 할 것인가 하는 답이 나온 것 같거든요.

■ **문:** 김 차장님, 김 차장님이 보실 때 어떻습니까? 공군이 지금 F-4하고 F-5 도태하고 나면 빨리 충당해야 할 거 아니에요 그런데 모든게 F-35도 언제 들어올지 몰라 그다음에 K-50에서 만든다고 하지만은 양산하기에는 시간이 걸리는 것 같고 소위 과도기적 불확실성 상태에 있는 거고 이건 대한민국 공군 전력에 문제가 있는 것 아닙니까? 이걸 국방부에서 인식을 하고 있습니까?

• **김:** 제가 봤을 때는 공군의 현실에서 그 전력자산이 극과 극입니다. 지금 30년째 운영되는 전투기도 있을뿐더러 곧 스텔스 전투기도 들어올거고 그리고 F-15K 아까 말씀하신 돌려막기 벌써 나오고 있습니다. 그걸 중간에 대체를 해줘야 하는데 그러면 지금 우리가 200대 300대를 지금 당장 구매할 수 있는 형편이 안 되지 않습니까 그런 부분에서는 KF-X를 당연히 개발해야 한다고 생각합니다. 앞선 세션

에서 나왔지만은 KF-X를 개발하는 데 가장 결정적인 게 기술이전인데 이번에 그 공중급유기 기종을 선정하면서 이 부분에서 저희가 70점에 거의 만점을 주는 걸로 알고 있습니다. 유럽에서 심지어는 차량정비를 할 수 있는 것을 모두 한국의 것으로 만들겠다는 제안도 한 걸로 알고 있습니다. KF-X도 마찬가지로 아무튼 이 기술 이게 관건인데 우리가 빨리 기술을 개발해서, 이 전투기를 만들어서 이 중간에 미디엄있는 낡은 것들도 대체하고 그래서 뭔가 좀 극과 극이 안 되는 균형을 맞출 수 있는 그런 전력자산을 갖춰야 한다고 생각하고 있습니다.

■ **문:** 이제 후속질문 드리겠습니다. 아까 전 세션에서 논의된 게 전력화가 먼저냐 국산화가 먼저냐 그러다가 김종재 현실장하고 최종건 교수가 제3의 길이 있을 수 있다, 그것을 절충(synthesize) 할 수 있다고 했는데 가능한 것입니까?

• **김:** 답변하신 부분에서도 생각하셨겠지만 전력화냐 국산화냐 그것을 두부 자르듯이 딱 자를 수는 없다고 봅니다. 왜냐면은 북한하고 대치를 하고 있는 상태에서 전력화를 무시할 수는 없습니다. 그렇다고 또 항공 산업에 육성하는 과정을 보면 국산화를 무시할 수도 없는 겁니다. 그래서 지금 전력화는 당장 북한의 위협이 있으면 시기적으로 전력화를 하고 또 국산화부분은 국산화대로 여유롭게 가는 것이 순서라고 봅니다. 어느 게 우선이냐 따지는 것은 아니라고 생각합니다.

■ **문:** 김 차장님께 추가 질문하고 싶은 것은, 말은 쉬운 건데 그것은 어떻게 다 만족시키느냐 이겁니다. 두 개는 상쇄효과가 있는 것 같은데 그걸 국방부에서 그걸 가지고 연구 안 합니까?

• **김:** 먼저 말한 대로 사실 제가 여기서 딱 부러지게 답변할 수 없는 그런 주제인 것 같습니다.

▪ **Moon:** Let me turn to Marc. There is an ongoing debate on different priorities between the indigenous production versus faster building up. What is your assessment from outside? Priority should be given to which aspect first? And is there a magic solution to satisfy both based on your study of other cases.

▪ **문:** 마크 교수님께 물어보겠습니다. 지금 현지 생산과 빠른 전투력 축적 사이에 어느 것이 우선사항이냐에 대한 토론을 진행하고 있었는데요. 외부인으로서 어떠한 평가를 내리시겠습니까? 어느 쪽에 먼저 우선순위를 두어야 할까요? 그리고 교수님의 연구를 바탕으로 두 가지 모두를 충족할 수 있는 해결책이 있습니까?

• **DeVore:** Well, that's an extremely broad question. Basically, I don't know the geopolitical situation in Korea well enough to say whether greater efficiency or localization is more important. But I can lay out certain tradeoffs. Localization is the policy where you're exchanging short-term efficiency for autonomy in the long return. Autonomy means systems with great capability with perhaps greater flexibility, tailoring your weapons systems to suit your own particular needs, but it's a capability that does take a long time to develop and initially, it's not cheap. Virtually every aircraft project, particularly those that enters into the market take much longer than expected and are much more expensive than expected. Therefore, it's always cheaper to buy off the shelf. Buying off the shelf also minimizes the technological risk because if the United States screws up the F-35, you can buy somebody else's product. Whereas if you invested all of your aids in domestic development, you're committed to work through those problems no matter how costly that might be. Then the real question comes out to be one of "do you need the most military possible in 10 years?" or "do you need a lot more autonomy in 20 years, 25 years and Why?"

• **드보어:** 효율성과 현지화 중 어느 것이 더 필요하다고 말할 수 있을 만큼 한국의 지정학적 상황을 알지는 못하지만 일반적인 상충관계에 대한 것이라면 말씀드릴 수 있겠습니다. 현지화란 장기적인 자주권을 단기적 효율성과 맞바꾸는 것이라고 할 수 있겠습니다. 여기서 자주권이란 필요에 따라 시스템을 바꿀 수 있는 유연성을 이야기합니다. 하지만 이러한 자주권은 개발하기 위해 오랜 시간을 필요로 하며, 무엇보다 비싸다는 문제가 있습니다. 거의 모든 항공기 사업, 특히나 시장에 내놓기 위한 항공기 사업들은 예상보다 훨씬 오래 걸리고 훨씬 비싼 사업이 됩니다. 그러므로 이미 생산된 물품들을 구매하는 편이 싼 것입니다. 생산된 물품을 구매하는 것은 또한 기술적 리스크를 최소화하는 것이 가능합니다. 예를 들어 미국의 제품에 문제가 있다면 다른 생산자의 물품을 사면 된다는 것입니다. 반면 국내 생산을 위해 모든 자원을 쏟아 부었다면 어떠한 문제가 발생하더라도 이를 해결하기 위해 끝까지 노력을 해야 한다는 것입니다. 결국 최종적으로 답해야 하는 질문은 "10년 내에 최대한 많은 병력을 필요로 하는가" 혹은 "20년, 25년 뒤에 많은 군사적 자주성을 필요를 하는가, 왜 필요로 하는가"가 된다는 것입니다.

■ **Moon:** So according to your advice, to South Korea should buy off shelves. Because, to be honest, you've got to be provocative.

■ **문:** 그렇다면 결론적으로 한국은 구매하는 것이 맞다는 말씀이십니까? 사실상 한국은 호전적으로 대응하여야 하는 상황이니까요

• **DeVore:** I don't know this. I'm new to this. As you've seen, the cases I used were largely not South Korea until I was invited to this conference, and I started to try to learn about South Korea as quickly as I could. I think that it really forces you to weigh how unstable is this situation with North Korea? Are you likely to actually need to intervene militarily in 10~15 years? How unstable is the situation becoming in the broader Asia-Pacific region as with the rise of China? And if you don't think those dynamics are going to create the short term—and I mean by short term up to 20 years, risk conflict, then investing in domestic aerospace industry really the KF-X project makes no sense. If you think the near-term instability in either the Korean peninsula or Asia-Pacific region is going to be high in 10 to 20 years, thinking of middle-range solutions of trying to develop some greater capability to modify weapons or specific niche capabilities that will improve your capabilities without launching into a project as ambitious as the creation of the $4\frac{1}{2}$ generation fighters.

• **드보어:** 한국이라는 주제를 최근에서야 처음 접해 이 회의를 위해서 최대한 빨리 공부를 해온 것이라 잘 모르겠습니다만, 결국 최종적으로 질문은 "북한의 상황이 얼마나 불안정한가", "10~15년 내로 한국이 개입할 필요가 생길 수 있는가" 그리고 더 큰 아태지역에서 "중국의 부상과 함께 지역적 상황이 얼마나 불안정해지고 있는가"라는 질문들에 대한 답이 중요하다고 봅니다. 이러한 질문들에 대해 근시일 내에 (근시일이라 함은 앞으로 20년을 이야기합니다) 갈등이 야기

될 것이라는 답이 나온다면 KF-X 프로젝트, 항공우주력 산업에 투자하는 것은 말이 안 된다는 것입니다. 만약 근시일, 10~20년 내 아태 지역의 갈등상황의 가능성이 높다면 중도적 해결책을 찾는 것도 가능하겠습니다. 한마디로 야심차게 4.5세대 전투기 자체를 개발하는 것보다 무기개발 능력이나 틈새 역량들을 개발하는 것이 나을 수도 있다는 것입니다.

■ **Moon:** Existing studies show that the market values the states combat aircraft. But according to your observation, there's only one case of successfully getting into the international market out of 21 or 23?

■ **문:** 현존하는 연구에 따르면 시장에서는 전투기를 높은 가치를 매긴다고 합니다만 드보어 교수의 관찰에 따르면 21인가 23개 사례 중에 성공적으로 국제시장에 나간 국가는 하나밖에 없다고 하셨었죠?

• **DeVore:** Out of 20 cases.

• **드보어:** 20개 사례가 있었습니다.

■ **Moon:** 20 cases. That means that if you want to develop the so-called indigenous combat aircraft, and satisfy the domestic needs and at the same time export abroad, would be an extremely daunting challenge, right?

■ **문:** 20개 사례요. 그렇다면 국내 수요를 만족시키는 동시에 해외 수출을 위한 현지 전투기를 만드는 것은 무척 어려울 것이라는 것이겠죠?

• **DeVore:** Yes that's an extremely daunting challenge. This is reference to another bit of my research that's in progress, where I've looked at the evolution of the jet-fighter market over time. Essentially five countries established themselves as being capable of developing cutting-edge jet fighter aircraft back in the 1950s: the United States, the United Kingdom, Soviet Union, Sweden, and France. Since then, 20 countries have tried to enter that market. At least 17 of those projects have been classified as failures with one—the People's Republic of China—appearing to be a qualified success. So the odds of success is quite daunting. There are things you can do to put the odds as close to your favor as possible. And I think that in many ways, the way's Korea's been building up this capability does show a natural effort, but the odds are against it.

• **드보어:** 네 무척 어려운 작업이 될 것입니다. 현재 진행 중인 제 연구에서는 시간에 따른 전투기의 진화를 관찰해 왔습니다. 기본적으로 1950년대에 미국, 영국, 소련, 스웨덴, 그리고 프랑스, 이 다섯 개의 국가들이 최첨단 전투기를 개발해 냈습니다. 그 뒤로 20개 국가들이 국제시장 진입을 노력해 왔습니다만 이 중 최소 17개 국가들이 실패한 것으로 분류 되며 중국의 경우 부분적인 성공으로 분류합니다. 결국 성공할 확률은 무적 적다는 것입니다만 이러한 확률을 최대한 올리도록 노력은 할 수 있다고 봅니다. 그리고 한국이 이러한 역량을 쌓아 온 것은 무척 많은 노력에 기반한 것이지만 상황이 불리할 따름이라고 생각합니다.

■ **문:** 우리 저 Devore 교수님은 상당히 비관적인 것 같은데요. 장사장님께서 대답해주시길 바랍니다.

• **장성섭:** 최종건 교수님께서 굉장히 흑백논리 같은 문제제기를 하셨는데 전력화냐 국산화냐 이 부분에 대해서 말씀하셨는데 근본적이고 원

천적인 문제에 지금 저희가 봉착했다는 그런 과정이 들리는 얘기가 나옵니다만 일단 KF-X만 놓고 보면 KF-X는 굉장히 밸런스 있게 지금 이것을 잡아서 진행하고 있습니다. 정부 방사청에서 제시하는 국산화를 88개 품목, 주요장비 88개 품목을 국산화했고 저희는 88개에서 플러스해서 9개를 더해서 97개 품목을 국산화를 하겠습니다 하고 제안을 드렸고 국회에서 계획되서 추진되고 있습니다. 원래 이 사업을 해서 달성하고자 하는 목표 이상으로 추진하고 있고 전력화 일정도 군에서 요구하는 대로 맞춰서 하는 그 얘기를 진행하고 있어서 국민들이 KF-X에다가 전략화냐 국산화냐 무엇을 채택할거냐 이것은 오늘 현재에서는 밸런스가 잡혀 있다 이렇게 말씀드릴 수 있습니다. 그런데 이제 여기서 얘기되는 부분 중의 하나가 그러면 핵심장비를 국산화해야 될 것 아니냐 하는 문제제기가 되고 있습니다. 그런데 이제 이것도 굉장히 포괄적으로 얘기하기 때문에 놓치게 되는 부분이 많이 있습니다. 국방과학연구소가 개발주관을 하는 KT와 하는 개발을 필두로 해서 T-50, FA-50, 수룡 이런 헬리콥터까지 개발하면서 이런 핵심장비에 대해서 국산화하는 그런 부분들이 굉장히 진척이 이루어져 있는 상태입니다. 즉 30년 정도의 개발과정을 거쳐서 전투기의 두뇌라고 할 수 있는 컴퓨터들, 항공전자컴퓨터, 무장 제어하는 컴퓨터, 그리고 비행을 제어하는 컴퓨터 이런 3대 컴퓨터가 전투기의 두뇌가 되겠습니다. 이 컴퓨터의 하드웨어와 거기에 들어가는 소프트웨어는 우리 공군이 완전히 독자적인 형태를 갖추고 있습니다. 그런 장비 이외에 다른 핵심 장비들도 현재 국산화하는 능력들을 갖추고 있기 때문에 국산화 능력은 굉장히 많이 갖추고 있습니다. 그런데 그것이 근본적인 의문점에 직면하게 되는데 그것이 국산화냐 글로벌라이징 소싱이냐 하고 고민해야 될 부분에 제일 처음 봉착하는 게 센서류인데, 센서류도 많은 부분을 국산화를 하고 있습니다. 그런데 가장 문제가 A사 레이더, A사 레이더 센서에 대한 국산화의 문제인데 이것은 워낙 최첨단이다 보니까 결국 미국이나 유럽 쪽이 다 통제하고 있습니다. 굉장히 통제하고 있고, 또 하나가 뭐냐면 최첨단 유도무기, 이 부분도 다 통제를 하고 있거든요. 마지막으로 하나, 우리가 챌린지해야 하는 부분이 엔진, 이런 것이 다 종합되어서 스텔스니 뭐 이런 것들을 가야 되는 그런 부분까지 저희가 기술 수준이 올라가다보니 지금 단적으로 핵심장비는 국산화 못하고 있다 이렇게 빠진 부분이 있습니다. 그런데 따지고 들어가서 안에 들여다보면 사실 한두 개 장비에 대한 우리의 투자, 정책, 장기적인 방향 이걸 어떻게 끌고 갈거냐 이런 것들을 고민하고 있는 상태다 보시면 되고 그래서 KF-X는 이렇게 진행되고 있고 저희가 국방과학연구소 이 부분에 대해서 어떻게 해결방안을 찾아서 갈거냐 하는 것을 지금 진로를 논의 중에 있습니다. 그런 방향에서 여러분에게 말씀드리자면 국산화냐 전력화 일정이냐 이것은 그렇게 KF-X 사업을 맞는 화두, 문제제기는 아니라고 보고 있습니다.

■ **문:** KAI가 보라매 사업을 합니다만, 제때 납품은 가능할 것 같습니까? 한국 방산업체는 항상 납품시간을 늦추는 까닭에 cost-over하고 delay-delivery한다는 것이 일반적인 평가인데, 그에 대해서는 어떻게 생각하십니까?

• **장:** 저희가 이제 육해공의 전력이 아니라 저희 항공 전력은 저희가 지금까지 개발을 해서 지체한 적이 없습니다. 그만큼 저희가 납기부분도 보고 품질부분에 대해서는 자부심을 가지고 열심히 해 왔고요, KF-X도 저희가 그런 각오를 가지고 갖고 있습니다. 그런데 이것이 이제 사실은 진정한 방산물자에 대한 진정한 국제공동개발산업입니다. 그러다보니까 저희가 좀 정부의 여러 가지 지원을 받아야 될 부분입니다. 또 정부가 앞에서 가이드를 해 줘서 나가야 할 부분들이 좀 많이 있습니다. 그래서 이게 3개국이 연결되기 때문에 반드시 그 부분에 대해서 컨트롤 타워라든가 이 정보의 협상 레벨에 대한

말씀들이 좀 있었는데 사실 그런 것들이 가장 절실한 부분이고요. 그것만 잘 해주시면 저희는 책임지고 공군의 전력화 일정을 충족하도록 개발에 최선을 다하겠습니다.

• **박**: 이번 세미나에서 가장 핵심적인 논의가 바로 전력화냐 국산화냐 하는 것 같은데요, 어찌됐든 전력화냐 국산화냐 두 가지 다 엄청난 문제점을 가지고 있는 건 사실입니다. 전력화 우선으로 했을 때는 아까 얘기 했습니다만 운영유지비와 성능개량인데요. 이 운영유지비와 성능개량 문제는 항공기 임무수행보장이 되느냐 안 되느냐 하는 문제고, 그다음에 마지막으로 자주적 안보. 이 공군 전투 자산을 확보할 수 있느냐 없느냐 하는 문제가 있고, 그리고 국산화 우선하는 문제는 무엇이 문제냐고 했을 때 핵심기술이 가장 큰 이슈가 되지 않습니까 그 다음에 예산, 늘어나는 예산을 어떻게 확보할 것이냐 하는 문제고, 즉 가장 큰 문제는 F-35계약이 지금 이루어지면서 핵심기술 이전 문제를 타협할만 못하고 슬쩍 넘어갔다는 점인 것 같은데…

■ **문**: F-35 계약 됐습니까?

• **장**: 네 계약이 계속 진행하고 있는 걸로 알고 있습니다.

■ **문**: 그, 정확하게 좀 제가 듣기론 소문은 그렇게 났는데, F-35가, 아니 가격이, 가격모르고 어떻게 계약을 해요? 가격은 완전 무슨 백지수표 주고 계약한 것입니까?

• **장**: 작년 9월에 계약이 된 걸로 알고 있습니다.

■ **문**: 국방부 출입하시는 분께서 계약이 지금 안 됐다 그러고 장 사장님은

되셨다 그러고, 좀 명료하게 좀 내주세요.

• **김:** 방송에서는 기종이 결정이 돼서, 그것까지는 기사를 썼는데 …

■ **문:** 박장군 조금 도와주십시오.

• **박:** 일단 F-35로 결정을 해서 그쪽에서 지금 가고 있다는 것은 분명한 사실이고요. 이제 그렇게 됐을 때 사전에 어찌 됐든 핵심기술 이전을 어떻게 할 것이냐 하는 것을 먼저 결정을 했어야 되는데 결정하지 못하고 슬쩍 넘어간 게 가장 문제가 있는 것이고, 그 다음에 보라매 사업이 어찌됐든 이슬람 국가인 인도네시아 등이 참여하다보니까 핵심기술 이전에 대해서도 굉장히 앞으로 복잡한 문제가 야기될 것이다 하는 겁니다. 그래서 이것을 각 기관별로 생각을 제가 한번 혼자 추측을 해보니까 공군 입장에서 보면은 전투기 400대의 유지가 지금 상당히 비상이 걸려 있거든요. 그러다보니까 지금 연합작전 수행에 지장이 있다 또 조종사 훈련 연간 150시간 하는 것에 지장이 있다 하면서 지금 상당히 많은 고민을 하면서 공군은 국산화우선보다는 전력화우선이 아니냐 하는 쪽으로 갈수 있다 이거죠. 그게 공군의 일반적인 생각인 것 같은데 큰 문제가 많이 있는 것이고 또 지금 KAI, 방금 말씀드렸습니다만 보라매 사업 제대로 가지 않으면 지체배상금 엄청나게 맞게 되어 있고, 그렇다보니 KAI 입장에서는 기간 내에 항공기를 생산하는 것이 최우선과제다 이렇게 되어 있습니다. 또 기재부, EL 승인 받아오라는 것 아닙니까? 그런데 EL은 미국 정부에서 No하면 안 될 겁니다. 그런 상태에서 기재부의 역할이 문제고 또 방사청에서 전 세션에서도 나왔습니다만 상당히 약해 보입니다. 이런 복합적으로 전력화냐 국산화냐 하는 문제 가지고 너무나 복잡미묘할 거라 하는데 이것을 해결을 해야 합니다. 이것을 해결을 해야 하는데 해결하려고 하는 부서가 보이지 않는 겁니다.

이것을 해결하기 위해서 아까 어제 조선일보 신문을 보니까 "뛰는 중일 바라보는 한국 산업정책"해 가지고 수소차를 제일 먼저 개발해 놓고 일본에 뺐기고, 전기차 하면서 중국에 뺐기고 이런 기사내용이 나왔더라구요. 그것이 주변국가, 일본하고 러시아 입장에서 보면 중국 입장은 국가적으로 엄청나게 지원을 하고 있는데 우리는 지금 열중쉬어 하고 있는 것이 아니냐. 그러면 국가 차원에서 이 여러 가지 기관들도 다른 생각을 가지고 있는 이것을 규합해서 하나의 방향으로 갈 수 있도록 방향을 제시하고 가야 여기 통제성도 있는 것이고 창조경제도 될 것인데. 너무 안이하게 가는 것이 아니냐 해서 결론적으로 저는 또 나름대로 새로운 의사결정지구에 대해서 한마디 또 하고 있는 거죠.

■ **문:** 김귀근 차장님 지금 두 분 말씀, 장사장님이랑 박상묵 장군님께서 중요한 문제가 컨트롤 타워가 없고 소위 옛날처럼 청와대에서 관심 가지고 일사분란하게 움직여도 될까 말깐데 지금 방사청이 점점 맥 빠진 상태에서 관료정치는 아주 심화가 되고 있고 지금 이런 진단을 해주셨는데 그게 올바른 진단입니까? 국방부에서 보면 어떻습니까?

• **김:** 제가 그 전에 먼저 질문을 하나 장사장님께 드리겠습니다. 지금 어차피 부채가 관계되어 있기 때문에 자 그러면 국산화를 하는데 KF-X를 개발하는데 국산화를 하는데 혁신기술을 이제 이전을 받는 시기가 늦어진다든지 또는 같이 고정을 한 상태에서 전력화시기가 늦춰질 때 그 코스트, 비용을 KAI에서 어떻게 감당할 수 있을지, 그래서 처음에 KF-X를 하면서 정부쪽에서 나온 얘기가 만약 그런 성과가 나왔을 때 KAI에서 도대체 감당이 안 된다. 정부는 어떻게 할 것인가? 이런 부분들을 좀 고민을 많이 하는 정부담당자도 있었습니다. 그 부분에 대해 좀 말씀해 주시면…

• **박:** 지금 이런 면들이 있죠. 업체가 면책되는 부분들이 있고 관계되는

부분도 있기 때문에 단도직입적으로 어떻게 책임질 것인가 말씀드리는 건 어려운 부분도 같구요. 핵심 기술이전은 이해로 해결되는 부분이 있는데 그 부분들이 사업의 계약이라는 게 계약 전 단계에서 발생하는 부분들이 있고 계약의 이후단계에 가서는 여러 가지 상황들이 있습니다. 그런 것에 맞춰서 그것들은 정리가 될거고 저희가 지금 오늘 현재의 이것이 저희 업체가 개발을 주도하고 주관하는 사업이지만 모든 통제는 방사청에서 맡도록 되어 있습니다. 그래서 그런 부분들이 있기 때문에 방사청에 지침언급 가이드라인에 따라서 저희가 중립에 커버해갈 수 있다 합니다.

• **김:** 컨트롤 타워 문제입니다. 지금 이제 방사청의 핵심기능을 국방부기관이 하는 상황이기 때문에 국방부에서 컨트롤 타워가 해야 되는 것에 대해 아직은 국방부가 준비가 안 되어 있는 것 같습니다. 아직도 그런 큰 의사결정을 하는 것은 국방부가 하지만 실무적인 부분에서는 방사청이라든지 각 군에 미루고 있는 그런 상황인 것 같습니다. 그래서 우리가 공군의 항공우주력을 제도로 건설하려면 국방부와 청와대가 같이 컨트롤 타워가 되지 않는 한 사실 어렵다고 봅니다. 그래서 저희들도 이 부분을 국방부에서 한참 우겨서 방사청의 핵심기능을 가져왔기 때문에 과연 국방부가 어떻게 이것을 컨트롤 타워 역할을 할지 지금 유심히 지켜보고 있습니다.

▪ **문:** 너무 일반적인 답변을 하시는데 국방부가 공군력이나 우주항공력에 관심이 있기는 있는 겁니까? 저는 없다고 생각해서. 아니 정확하게.

• **김:** 제가 항공우주력 건설 얘기를 1년에 딱 한 번 합니다 이 얘기. 이 학술연구원에서 했습니다. 국방부에서 항공우주력 건설이라는 말을 하는 사람은 한 사람도 없습니다. 그리고 중기계 계산, 항상 설명할 때 저희끼리 한 얘기가 있습니다. 뭐냐며는 지금 창조국방이 나왔는

데 창조국방과 관련된 예산이 뭐가 있는지, 항공우주력 건설과 관련된 예산이 뭐가 있는지. 없습니다. 그런 항목 자체를 만들지 않기 때문에 관심이 없다 말씀드리는건 바로 이런 것을 얘기하는 것입니다.

■ **문:** 개선의 방법은 없습니까? 우리가 한 해, 국방부의 관찰자역할을 오랫동안 하셨는데, 이것을 바꿀 방법 없습니까? 이것에 대해 박상묵 장군께서 그에 대한 말씀을 좀 하시겠지만 확실한 …

● **김:** 예 지난주에 우주정보상황실 기사가 나왔던 걸 보셨을 겁니다. 그 기사를 보면서 공감가는 슬픔도 있을 것이고, 또 이 기사 너무 초를 많이 쳤다는 생각을 가진 분들도 있을 겁니다. 자 공군에서는 우주정보종합상황실에 이것을 개발의 의미로 생각하는데, 우주쓰레기를 감수하는, 한반도를 통과하는 다른 나라의 위성을 분석합니다. 이런 기능위주로 생각하더라고요. 그러면 기사 절대 안 봅니다. 신문에 있다고 하더라도. 자 그러면 우주정보상황실이 왜 나왔습니까? 공군이 삼단계계획을 세웠지 않습니까? 우주력건설 사십 몇 가지, 사십일곱 가진가? 그러면 일단계 들어가겠습니다. 계획의 일 단계에 우주정보종합상황실이 들어가 있는데 사십 년, 사십 년 이후는 뭐냐 우주에서 레이저를 쏴서 적국의 위성을 쏠 수 있는 그런 능력을 갖춘다는 거, 그럼 바로 우주전쟁이 아니겠습니까? 그래서 스타워즈라는 말을 제가 기사에 썼는데 저도 좀 썼습니다만, 결국 공군이 하고 싶은 얘기가 그겁니다. 스타워즈, 우주전쟁, 전부 우리 할 수 있다. 그런데 절대 그 얘기 못합니다. 왜? 국방부와 청와대가 생각이 다르기 때문에, 이거 지금 무슨 소리 하는 거야?라고 당장 나오기 때문에 그 말을 못하는 거고 그래서 언론에 이 펜을 들고 이런 학술회의를 빌면서 얘기를 하는 거 아니겠습니까?

■ **문:** 그런데 박 장군님, 공군이 우주자산이 있습니까? 제가 기억이 나는

것은 옛날 우리 김성현 팀장님께서 계셨을 때 과학기술단장 부총리가 주관하는 우주관련회의가 있었는데 공군 참모총장이 위원으로 안 들어가 있더라구요? 제가 김우식 부총리께 들어가시게끔 주선한 적이 있었는데 그래서 저는 좋은 얘긴데 지금 우리 공군이 하늘로 우주로 구호는 가지만 우주자산이 뭐가 있습니까? 청중들을 위해서라도 설명을 해주시면 감사하겠습니다.

• **김:** 분명한 사실은 우주기는 전략에 사용할 수 없다는 것이 국제법적으로 나와 있고요. 어찌 되었든 한국공군이 우주자산을 가지고 있느냐 없느냐 하는 것이 여기서 말씀드리기에는 단계가 아니다라고 생각합니다.

■ **문:** 지금 공군이 관리하고 있는 인공위성이 있습니까?

• **장:** 지금 문 박사님 말씀하시는 것은 전쟁의 활용, 전투에 활용할 수 있는 어떤 우주자산을 말씀하시는데 이것을 가지고 있는 나라는 세계적으로 봐도 몇 나라를 제외하고 없다고 봐야 됩니다. 이 대화의 논점은 우리가 우주자산이 있느냐 없느냐 이건 너무나도 먼 얘기죠. 우리가 가지고 있는 것이 지금 국산으로 만든 우리 한국형 전투기가 고유 확보할 수 있느냐 없느냐 하는 문제에서 우주자산으로 간다는 것 자체도 잘못된 것이고, 문제는, 지금 아까 국방부에서 잘 말씀해주셨습니다만 공군력 건설하는 데 비용이 많이 들어간다. 많이 들어가니 좀 참자. 그래서 어찌되었건 우리가 평시작전통제권을 가져와야 되는 게 전력증가가 되어야 한다. 우선 지상군이 먼저 가고 그다음에 공군은 미국하고 한미연합작전을 활용할 수 있지 않느냐라고 하는 것이 제가 생각하기에 지금에서의 생각 아닌가라고 합니다. 어찌 되었든 평시작전통제권 환수하는 단계에서 공군전력은 어떻게 가고 있는가 하는 것은 여러분들이 다 잘 알고 계시는 것 아닙니까.

그러니까 애매한 것은 빼서 한미연합으로 하고 일단 지상군 위주로 전력증강을 해야 된다라는 이런 생각을 고치지 않는 이상은 우리가 두고두고 해결할 수가 없다는 것이고 가장 중요한 것은 아까 잠깐 말씀드렸습니다만 지난번 대통령께서 상황이 있습니까 공군에 가서 한번 때려라 얘기를 했더니 그때도 저격이 많았잖습니까. 이 문제는 뭔가 하면은 자주적 안보자산 값을 확보하느냐 못하느냐 이 차원입니다. 이런 차원에서 우리가 생각을 하면서 자산 확보를 해 나가야 한다. 장기적으로 자산 확보를 해 나가야 한다는 겁니다.

■ **Moon:** Marc, you have studied the cases of Israel and Sweden. What you hear from here is that the Korean decision-making system and cognition system is extremely fragmented in the sense of commitment coming from the top, no leadership commitment. And there's a lack of cognition within the contending bureaucratic agencies and so on. Can you tell us the experience of Sweden and Israel in air power enhancement?

■ **문:** 마크 교수님. 이스라엘과 스웨덴의 케이스를 연구하셨는데요, 지금 여기서 들으신 것으로는 한국의 의사결정 시스템과 인식 시스템이 특히 위로부터의 몰입(commitment)측면에서 무척 분열되어 있다는 것입니다. 한마디로 리더십의 몰입(commitment)이 없다는 것입니다. 더불어 참여하는 행정기관들 내에서 인식의 부재가 있다는 것인데, 이와 비교해서 스웨덴과 이스라엘의 사례에 대하여 이야기해 주시겠습니까?

• **DeVore:** I can try. Essentially, both Israel and Sweden have certain common aspects and certain differences between them. The commonalities between both are that you have high levels of relatively constant debate and interaction between political decision makers, the armed forces, and the administration. Now, in Sweden that tends more deliberative in its institutional process, you have committees that are on regular basis evolving, parties that both empower and develop positions, so that if you have a change in government, you don't actually have much change in policies beginning with major businesses groups that have defense industries, as well as the defense security industry whose personnel is half military and half civilian. So you have an almost constant debate going on, on the tradeoffs between immediate deployment abilities versus the longer term cultivation of industry, between these groups and therefore you have a very gradual evolution of policy. In Israel you basically have the same thing but it's much less formal. It is one of the common glues that binds both those in the industries to those in the ministry, to in many cases the government is the fact that Israel is a state with virtually endless military service, so therefore the heads of all the Israeli defense corporations, arms reserve officers frequently within the Israeli air force. And then there also their chief engineers are programs are graduates of generic programs of the Ministry of Defense. So you also have the continuous interaction between these groups. That makes the tradeoffs and choices clear. It was very clear that it was very painful for Israel, but it did have to make major choices in the 1980s that it was much more cost-effective to just scrap indigenous aircraft project by lobby and concentrate indigenous R&D development in arms systems that could provide the greatest use to the Isreali armed forces. Based on that is the electronic warfare, which they saw it as a capability for nobody—even their good friends, the United States—would sell them the cutting-edge equipment. They sought its precision-guided missiles, because they saw themselves as having particular needs to destroy certain targets and they didn't view the American equipment as adequate, and UAVs, where they both had some experience in developing, but they also saw UAVs as a critical way of establishing round-the-clock ISR abilities. They have had some of the same military challenges that Korea faces, particularly challenge of destroying things like artillery rockets. Other similar challenges to what Korea faces.

- **드보어:** 기본적으로 이스라엘과 스웨덴의 케이스 사이에는 몇몇 유사점과 몇몇 차이점이 있습니다. 둘 사이의 유사점은 정책결정자와 군, 그리고 정부 사이에 비교적 꾸준한 토론이 있다는 것입니다. 좀 더 기관적 절차에서 많은 토론을 하는 편인 스웨덴에는 정기적으로 진화하는 커미티들이 있으며 정당들은 입장을 세우고 이러한 입장들에 힘을 보태서 정부가 교체되더라도 실질적으로 주요 방위산업을 주관하는 사업 단체나 반(半)민간 반(半)군인 방위 산업체들에는 큰 변동이 없습니다. 결과적으로 거의 항상 논의가 진행되어 즉각적 파병능력과 장기적 방위산업 양성 사이의 상충관계에 있어서 무척 점진적인 정책의 진화가 이루어집니다. 이스라엘의 경우는 비슷하지만 훨씬 덜 공식적입니다. 산업체와 국방부를 강하게 묶는 것은 기본적으로 이스라엘의 필수적 군 복무입니다. 결과적으로 이스라엘 방위산업체 책임자들, 군수보급 장교들이 이스라엘 공군에 빈번하게 드나든다는 것입니다. 더불어 그들의 모든 기관장들은 국방부 고유 프로그램 관련 출신자들입니다. 결국 이러한 단체들 사이에 지속적인 교류가 있게 되고 선택 가능한 옵션들과 그들과의 상충관계가 명확하게 드러나게 됩니다. 물론 이스라엘 입장에서 무척 어려운 결

정이었습니다만 1980년대 대대적인 결정을 내린 바 있습니다. 여기서 항공기의 현지 개발을 포기하고 이스라엘 군에게 가장 유용할 수 있는 무기체계에 현지 연구개발을 초점을 맞추게 됩니다. 최첨단 전자전 무기는 그들의 가까운 동맹인 미국마저도 넘겨주지 않을 것이라고 판단하고 여력을 개발하였습니다. 정밀유도미사일 개발 또한 추구한 것은 미국 무기로는 부적절하다고 판단된 타겟들을 파괴할 역량이 필요하다고 판단했기 때문이었습니다. 이들 또한 개발 경력인 UAV의 경우 끊임없는 ISR역량을 필요하다고 판단했기 때문이었습니다. 이스라엘 상황의 경우 한국이 현재 직면하고 있는 여러 문제들과 상통하는 것들이 있습니다. 이 중에는 포병로켓 파괴와 관련된 문제들이 있겠습니다.

■ **Moon**: But there seems to be contextual difference in each one. As you know, air force is mainstream. The entire drive of defense industry relies on air force. In Sweden, army, navy, and air force are balanced. In other words, structurally, the air force in those two countries have a stronger voice. But in the case of Korea, there is a total asymmetry. We have a 550,000 army, at most 50 to 60 thousand in Air Force. And all the positions, head of the National Security Council—first star army general, retired—Minister of National Defense came from the army. So there is a kind of government strength in the Korea defense establishment. Therefore there is a fundamental difference.

■ **문**: 하지만 각각 사례들의 사이에는 맥락적 차이가 있다고 보여지는데요. 아시다시피 공군은 군수 산업의 주류입니다. 군수 산업의 추진력은 공군에 달려 있다고도 할 수 있겠습니다. 스웨덴의 경우 육해공 사이에 균형이 이루어져 있습니다. 그래서 말씀하신 두 개 국가

에서는 구조적으로 공군이 더 큰 발언권을 갖게 된다고 봅니다. 하지만 한국은 완전한 불균형의 상황입니다. 총 550,000명의 군인이 있는데 이 중 고작 5~6만이 공군입니다. 그리고 모든 주요 위치들 또한 육군 출신입니다. 그래서 한국의 방위 산업에는 정부의 역량이 크고 근본적인 차이가 있다고 보여집니다.

- **DeVore:** No you're absolutely correct about that. But the currently the strong position of the Air Forces have increased over the top. For example, in Israel, the Air Forces get a lot of attention, a lot of investments. But the first chief of staff of the Israeli armed forces, who was an air force general, didn't actually come into position until 2005. So, for the longest period of time, even though the air force was considered to be strategically critical service, the combined decision making was going on in other times. In Sweden, the air force was always important throughout the Cold War, it was the fifth largest in Europe. But it was really the post cold-war period where Sweden was assessing new technologies in what was being referred to as the times of revolution of military affairs. As long as they were on budget, choices were made and decided to promote with air power, they thought it was most important for them, and they had fights. It was not a necessarily a nice process. The ground forces, particularly with the Swedish militia part-time soldier citizen commission fought back, but they ultimately lost that fight.
- **드보어:** 맞는 말씀이십니다. 하지만 최근 공군의 위치는 위로 올라오고 있습니다. 예를 들어, 이스라엘의 경우 공군은 많은 주목과 투자를 받습니다. 하지만 이스라엘에서 첫 번째 공군 출신 참모총장은

2005년이 돼서야 임명되었습니다. 현재는 공군이 가장 전략적으로 중요하다고 여겨지지만 한참이 걸려서야 이 위치에 올 수 있었습니다. 또한 스웨덴의 공군의 경우 냉전 때 항상 요지로 여겨졌고 유럽 내 다섯 번째로 컸습니다만 냉전이 끝나고 나서야 스웨덴 군 내에서 당시 "군사면의 혁명"으로 불리우던 기술들이 나타나 이들에 대해 고민하게 되었습니다. 예산적 한계 때문에 선택을 해야 했고 공군력이 가장 중요하다고 여겨져 이를 추구하게 되었습니다만 그 과정에서 많은 다툼이 있었고 깔끔한 절차는 아니었습니다. 스웨덴 육군이 이에 대항했지만 궁극적으로는 졌던 것입니다.

■ **문:** 제가 이제 공군 쪽 들어서 설명은 부수적 차이점이 있는 것 같은데 김귀근 차장님께 솔직하게 물어볼게요. 지금 우리가 보라매 사업 같은 데에 8조 예산이 배정이 있잖아요. 그게 제대로 집행이 될까요? 한번 솔직하게 얘기해주시기 바랍니다.

• **김:** 전 정부 기준으로 보면 상당히 어렵지 않을까 생각하고 있습니다. 왜냐면은 국방예산에 굉장히 상승하는 속도가 굉장히 느릴 뿐더러 심지어 다운되는 그런 상황이었기 때문에 굉장히 걱정스러운 부분이 많습니다.

■ **문:** 박 장군님 이 부분에 대해서 어떻게 생각하십니까?

• **박:** 12년 동안을 허송세월을 했는데 지금 또 이 단계에서 가느니 못 가느니 하면서 또 딜레이되면, 우리는 영원히 희망이 없는 겁니다. 문제는 이제 F-4, 5가 앞으로 10년 후가 되면 230대 다 도태됩니다. 그다음에 F-16도 벌써 20년 운영했습니다. 20년 지나면 도태돼요. 이렇게 비행기 전체가 자꾸 이렇게 도태가 된다고 했을 때 이렇게 자꾸 딜레이되다 보면 이제 외국에서 비행기 곧 통째로 사와야 돼

요. 그렇게 예산 압박 때문에 사오게 되는데 그렇게 사왔을 때 왜 그게 문제 해결이 되느냐? 아닙니다. 아까 얘기를 했지만, 이거 기본보강하고 성능업그레이드하는 데 엄청난, 그와 같은 돈이 기다리고 있는데 여기서 무엇을 먼저 선택하느냐 이 문제 아닙니까. 이 문제에서 우리가 이렇게 주춤주춤할 시간이 없다는 것이고요. 그래서 저는 분명하게 한 가지 제안을 하고 싶은 것이 뭐냐면, 핵심기술 이전문제와 관련해서 우리는 자꾸 절충된다 생각하고 있는데, 아닙니다. 돈 들여서 사오면 됩니다. 돈 들여서 사오는데 미국하고 유럽하고 경제적인 몇 가지, 경제적으로 하든지 어떻게 하든지 우리 것으로 만들어가지고 우리거로 만든 다음에 기술이전을 받고 그다음에 중요한 것은 이것의 소유권은 한국이 가질 수 있어야 우리가 앞으로 살 길이 나오는 것 아닙니까? 그래서 소유권을 가질 수 있는 방향으로 접근을 해야 하는데 자꾸 주춤주춤 가다보면 희망이 없다 이겁니다.

■ **문:** 플로어에서 질문이 하나 있었는데, 그러니까 F-35의 기술 스텔스기술, 대한민국에 전이가 가능한가 공유가 가능한가 그리고 다른 용도로 활용할 수 있는가라는 요지의 질문이 나왔는데 거기에 대해 어떻게 생각하십니까?

• **장:** 스텔스기술이라고 하는 것은 뭐 어느 나라도 미국을 제외하고는 완벽하게 가지고 있다라고 하는 것은 대단히 어렵지 않습니까 그래서 개발해야 하는 것이고 가야 할 방향이죠. 그것은 얼마만큼 우리가 노력을 하느냐, 노력 여하에 따라서 달성될 수 있는 문제지, 여기서 될 수 있다 없다를 주먹구구식으로 추측하는 건 맞지 않죠.

■ **문:** 협상과정에서는 어떻게 생각하십니까? 김 차장님. 스텔스기술에 대한 견의 부탁드립니다.

● **김:** 예 스텔스기술은 받기 어려운 것으로 결정났습니다.

■ **문:** 동맹관계에서도 …

● **김:** 왜냐하면 스텔스기술이라는 것은 아시다시피 한 나라의 국가자산이 잖아요. 자산을 함부로 아무리 동맹국이라고 해도 쉽게 넘겨줄 수 있는 나라가 있겠습니까?

■ **문:** 장사장님 KAI 포함해서 대한민국 항공 산업의 기술수준은 어떻습니까? 스텔스 같은 걸 우리가 독자적으로 개발할 수 있을까요?

● **장:** 지금은 기술이 안 됩니다만 현재 개발들을 하고 있습니다. 착성도료도 개발하고 있고 장기적으로는 저희도 지금 KF-X 개발하는 것은 4.5세대는 장기적으로 5세대까지는 지향하는 그런 설계 준비들을 진행하고 있습니다. 스텔스나 반스텔스 기술은 이 점이 안 됩니다 자체에.

■ **문:** 거의 끝나갈 시간이 다 되었습니다. 그래서 한 번씩만 여쭤보려 하는데 우리 김 차장님께서는 계속 비관적으로만 얘기를 하는데 그러면 우리 대한민국 공군 또는 우주항공력이 어떻게 하면 향상될 수 있습니까? 어떻게 하면 컨트롤 타워가 있게끔 만들고, 어떻게 하면 대통령이 관심을 갖게끔 만들 수 있겠습니까

● **김:** 대통령이 관심을 가져야 되는 것은 참모들이 끊임없이 대통령한테 건의를 하고 상기시키고 해야 합니다. 왜냐하면 항공우주력이라는 게 워낙 돈이 많이 들어서 대통령의 의지가 없으면 사실 굉장히 어렵습니다. 이게 또 하다보면 또 해군이라든지 육군과의 역학관계 때문에 저항을 받을 수 있는 그런 아이템이기 때문에 굉장히 국방부라

든지 공군에서 전략적으로 대통령 의식을 좀 자꾸 환기시킬 수 있는 그런게 되어야 하고요, 지금은 앞에 세션에서 수출문제가 나왔는데 저는 그 수출을 굉장히 긍정적으로 보고 있습니다. 과거에 T-50, KT-1 만들 때 수출이 되겠느냐 하고 다들 비관적으로 봤지 않습니까? 2013년에 이라크전 때도 FM-50 수출계약을 할 때 제가 갔습니다. 평기자로 갔는데, 그게 이제 방사청장하고 KAI 사장님하고 이라크총리하고 세 명이서 서명하는데 거기에 대해 가 있는 방위사업청, 여자사무관이더라구요. 그 사무관이 뒤에서 정말 서럽게 우는 거예요. 얘기를 좀 들어보니까 그 사무관이 여섯 번을 왔다고 합니다. 이라크에 왔다갔다 하면서 이걸 성사를 시키려고 실무자로서. 근데 뭐 이라크가 다니기 어렵지 않습니까. 방탄조끼 입고 뒤에 기관총을 쥐면 차 다 따라오고. 그 희열감과 감정에 서럽게 우는 걸 보고 야 이거 우리 하면 된다. 전 그걸 분명히 느꼈습니다. 이건 만들면 분명히 딸 수 있다. 그래서 저는 비관적이 절대 아닙니다. 긍정적입니다.

■ **문:** 오케이 장사장님, 마지막으로 희망사항이 있으시면 한마디 부탁드립니다.

• **장:** 오늘 참여하신 분들이 KF-X 사업은 꼭 연내에 가겠다는 강한 관심과 의지를 갖고 있다는 것을 제가 이해하게 되어서 굉장히 편안합니다. 그래서 저희도 열심히 연내 KF-X 사업을 착수되어갈 수 있게 모든 노력을 다 하겠습니다. 저희가 현재 국내의 모든 역량을 집결해서 할 준비를 다 해나가고 있습니다. 저희가 인력도 지금 금년도에 400명 채우고요, 대졸, 경력사원 다 해서 400명 채우고 그 다음에 600명 채우고 이제 지금 진행을 하고 있습니다. 하반기에 2~300명을 더 채우고 개발센터도 저희가 7월에 착공하고 골조도 다 세우고 모든 준비를 착착 하고 있고 국내에 참여업체가 33개 정도 됩니

다. 같이 하기로 해서 지금 다 모아서 같이 모든 국내 역량, 국책연구소도 저희가 세계 최고급 수준까지, 모든 역량을 다 집결해서 사업 성공시키기 위해 충분히 착착 진행되고 있습니다. 그래서 여기 참여하신 모든 분들께서 금년도에 착수할 수 있도록 모든 지원을 해주시면 저희가 꼭 이 사업 성공시켜서 수출시장가지고 들어갈 수 있도록 그렇게 하겠습니다. 감사합니다.

• **박:** 우리 냉정하게 우리 스스로를 돌아보면 누가 50여 년 전만 해도 아프리카보다 못살던 나라였습니다. 지금 어찌됐든 부정적 시각에서 보면, 한도 끝도 없는 겁니다. 어찌됐든 제가 얼마 전에 글을 하나 보다보니까 골드만삭스에서도 발표한 게 있는데 2050년대 되면 대한민국 경제수준이 미국 다음으로, 9만 불 시대에 들어간다 이렇게 발표가 됐더라구요. 그걸 보면은 우리 능력이 있는 겁니다. 삼성이 반도체 처음에 시작하려 그랬을 때 저거 삼성 하다가 망하려고 그런다 대한민국이 망조 한다 그랬는데 지금 어떻습니까? 우리 대한민국 사람들이 머리 아주 좋고 기술 투철하고 우리 능력 있는 사람들입니다. 하려고 하면 방법을 찾고 하지 않으려고 하면 이윤을 찾기 마련이죠. 어찌 되었든 지금 주사위는 던져졌거든요. 지금 모두가 다 단결을 해가지고 죽기살기로 달려들어 가지고 사업이 가야하는 것이지 맨날 이런식으로 끊임없이, 이걸 지난번에도 와서 이런 얘기했는데 오늘 똑같은 얘기를 오늘 또 반복하고 있네요. 이렇게 끊임없이 그냥 망설이고 있다가 주춤주춤 뒷걸음질하면은 우리 한 발짝도 못 나간다 그러면 대한민국 미래 어두운 겁니다. 어찌됐든 긍정적인 마인드를 가지고 어찌 되었든 하나가 돼서 앞으로 같이 나가야 그래서 컨트롤 타워니 얘기가 나오지만은 국가의 이미지가 결집되어 한꺼번에 가야 이 사업이 성공할 수 있고 대한민국의 미래가 있고 창조경제가 있다 이 말씀이죠.

■ **Moon:** Marc, last comments?

■ **문:** 마크 교수님, 마지막으로 발언하실 것이 있으십니까?

• **DeVore:** I must act out a bit. I've been, as outside observer, extremely impressed by the technicality and in terms of marketing of T-50, F-15. So it does show an incredible amount of maturation of capabilities. And Korea economically as a whole has really taken on enormous projects as much as a world leader in so many areas, so that's not to say that such a project is infeasible I was just saying that my own research indicates that it is very difficult. So you shouldn't assume that the 8 billion dollars R&D budget is going to be maintained. That will prevent the KF-X. The next key quest of the next of the five advanced industrial project final projects for which we have R&D expenditures. One cannot expect that one is going to be able to export between 200 and 500. Nobody besides the United States and Russia has been able to do that for any model of fighters for the last 25 years. So, if you're going to do it, you can do it for reasons of strategic autonomy, for real reasons of developing this industrial capability. Just don't assume that it's going to be neat, on-time, and on budget.

• **드보어:** 외부인으로서 T-50과 F-15의 마케팅에 있어서 그 기술적인 측면이 무척 인상깊다고 말씀드리겠습니다. 한마디로 항공력에 있어서 무척 놀라운 성숙도를 보이고 있다는 것입니다. 또한 한국은 세계적 리더로서 수많은 방면들에서 거대한 경제적 사업들을 진행하고 있어 항공력 성장이 불가능한 것이라고 말하고자 한 것은 아니라고 말씀드리고 싶습니다. 그저 저의 연구에 따르면 이는 결코 쉬운

일은 아니라는 것입니다. 80억이라는 연구개발 예산이 유지될 것이라고 결코 넘겨짚지 말아야 할 것입니다. 이는 KF-X가 불가능하게 만들 것입니다. 또 하나의 주요 사업으로 앞으로의 5개 주요 연구개발 사업에 대해 말씀드리겠습니다. 200에서 500기를 수출할 수 있을 것이라 예상해서는 안 됩니다. 미국과 러시아 빼고는 그 어느 국가도 지난 25년간 그러한 것을 해내지 못했습니다. 정리하자면, 사업을 진행을 하시고자 한다면 전략적 자주성을 위한 것이나 산업 능력을 키우기 위한 실질적인 목표를 위한 것이 되어야 할 것입니다. 더불어 이러한 사업이 깔끔하고, 제때에 끝나며, 예산에 맞춰질 것이라고 당연시해서는 안 될 것입니다.

■ **문:** 오늘 토론 아주 좋은 말씀 아주 많이 해주셨습니다. 작년 2회에서 터키 공군 원스타께서 오셔서 하신 말씀이 있으신데요. 제가 이런 질문을 했어요. 터키도 우리 한국하고 전력구조가 비슷한데, 미군이 압도적이고 공군 해봐야 한 5만 명 정도밖에 안 되는데 터키에서 F-X 차세대 전투기 사업을 밀고 나간다는 거에요. 그래서 어떻게 가능하냐 정치적으로나 모든 점에서 불가능할텐데. 그런데 그 장군 말씀이 재미있더라구요. 지도자가 에르도안 당시 총리였죠, 에르도안 총리가 완전히 여기에 커밋먼트(Commitment)가 되어 있기에 가능했다. 우리 공군의 희망만으론 어렵다라고 하는 얘기했었거든요. 터키가 성공할지 못할지 모르지만 그러나 이런 큰 사업을 하려고 하면은 결국 대통령이 이거에 대한 관심과 커밋먼트를 가져야 되는 게 첫 번째, 아마 중요한 시사인 것 같고요. 두 번째는 대통령이 관심을 가지고 하면 국방부 역시 할 게 많잖습니까? 그러면 프라이어리티(priority), 우선순위를 먼저 정해야 할 것 같아요. 이게 뭐 지상사업이라는 게 KF-X 사업이나 다 똑같은 반열의 사업이면은 우선순위가 높아야 할 것 아닙니까? 대통령께서 이걸 우선순위로 지정하셔야 할 것 같아요. 세 번째 우선순위를 가려고하면 대통령이 좀

많이 아셔야 하거든요. 뭐 대통령 둘러싸신 분들은 상당히 지상군 갔다오신 분들이 더 많고 하기 때문에 문제는 그걸 어떻게 뚫고 나가느냐 뚫고 나가는 핵심은 국민의 힘인 것 같아요. 그러니까 공군 포함해서 공군 생산 많은 분들이 결국에 우리 대한민국 공군, 우주항공력의 현실, 알 수 있도록 우리가 많은 노력을 해서 홍보도 하고 글을 싣기도 하고 해서 국민의 여론이 KF-X 사업 이거 필요한 것이다, 대통령께서 우선순위 설정해야 되겠다, 다음 총선, 대선에서 이게 쟁점화가 된다면 이게 희망이 있는 것 아닌가 생각이 됩니다. 그런 점에서 우리 18년째 하는 연세대 우주항공력회의라고 하는 것이 의미가 있지 않겠습니까?
오늘 수고들 많으셨습니다. 다 같이 큰 박수로 환영해 주십시오. 감사합니다.

❖ 편저자 및 학술회의 참가자 소개

❀ Session 1 참가자

[사회]

황동준
Dong Joon Hwang

직책	안보경영연구원(SMI) 회장
학력	美 일리노이대 어바나샴페인 대학원 경영학 박사
경력	한국국방연구원 원장, 한국방위산업학회 회장, 경희대학교 경영대 학원 초빙교수, 대통령 국방발전자문위원회 자문위원, 국가안전보장회의(NSC) 국방자문위원
주요 저서	『국방발전 어떻게 할 것인가』

Dong Joon Hwang is the founder and Chairman of Security Management Institute. He received his Ph. D degree from the University of Illinois at Urbana-Champaign. Previously, he served as the president of Korea Institute for Defense Analyses, and as a member of Presidential Commission on Defense Development.

[발표]

김종하
Jong-ha Kim

직책	한남대학교 사회과학대학 정치언론국방학과 교수
학력	英 브리스톨대학교 정책학 박사
경력	방위사업청 국방기술품질원 이사, 한국 군사학회 이사, 국방과학연구소 연구개발 자문위원, 한국방위산업학회 이사
주요 저서	『국방획득과 방위산업 이론과 실제』, 『국가안보전략 어떻게 수립해야 하나』, 『천안함 이후의 한국국방』 등

Jong-ha Kim is currently a professor at Hannam University. He received his Ph. D from the School for Policy Studies at University of Bristol in England. Previously, he has been on the board of directors for the Defense Agency for Technology and Quality and for Korea Association of Defense Industry Studies. He had also served as the research and development advisor for the Agency for Defense Development.

<table>
<tr><td rowspan="5">[발표]

박영준
Young Jun Park</td><td>직책</td><td>국방대학교 안전보장대학원 교수</td></tr>
<tr><td>학력</td><td>日 동경대학교 국제정치학 박사</td></tr>
<tr><td>경력</td><td>국가안전보장회의 정책자문위원, 동북아시대위원회 외교안보분과 전문위원, 안보문제연구소 군사문제연구 센터장</td></tr>
<tr><td>주요 저서</td><td>『해군의 탄생과 근대 일본』, 『안전보장의 국제정치학』, 『제3의 일본』, 『21세기 국제안보의 도전과 과제』</td></tr>
<tr><td colspan="2">Young Jun Park is a professor of the College of National Security, Korea National Defense University. He obtained B.A. in political science from Yonsei University, M.A. in international relations from Seoul National University and Ph.D. in international relations from the University of Tokyo in 2002. He published and co-authored several books and dozens of articles focusing on the issue of Japanese security policy, East Asian security affairs, and the issue of international security, International Politics of Security etc.</td></tr>
<tr><td rowspan="4">[발표]

마크 드보어
Marc R. DeVore</td><td>직책</td><td>英 세인트 앤드류스대학 국제관계 담당 교수</td></tr>
<tr><td>학력</td><td>美 매사추세츠 공과대학 정치학 박사</td></tr>
<tr><td>주요 저서</td><td>『세계화와 방위산업』, 『유럽의 군비협력』, 『무기산업의 정치경제』 등</td></tr>
<tr><td colspan="2">Marc R. DeVore holds a Ph.D. in political science from the Massachusetts Institute of Technology (MIT). Dr. DeVore's current research deals with the political economy of the arms trade, civil-military relations and violent non-state actors. His past and upcoming articles have been featured in: Review of International Political Economy, Security Studies, European Security, Cold War History, Defense and Peace Economics, Comparative Strategy and Defense and Security Analysis. In 2002-02 Dr. DeVore served as National Security Advisor to the President of the Central African Republic.</td></tr>
</table>

<table>
<tr><td rowspan="5">[토론]

심경욱
Kyong-wook Shim</td><td>직책</td><td>한국국방연구원(KIDA) 안보전략연구센터 책임연구위원
공군정책발전자문위원</td></tr>
<tr><td>학력</td><td>프랑스 파리정치대학교 소련군사학 박사</td></tr>
<tr><td>경력</td><td>안보전략연구센터장, 대통령직속 국방발전자문위원, 프랑스 국립과학원 군사문제담당연구원, 프랑스 국방대학원 초빙연구원</td></tr>
<tr><td>주요 저서</td><td>『러시아는 어디로 가는가』, 『동북아 군사력과 전략동향』, 『국가안보 차원에서 본 기후변화와 한국의 대응』</td></tr>
<tr><td colspan="2">Dr. Shim Kyong-wook is currently is a Senior Research Fellow at the Center for Security and Strategy, Korea Institute for Defense Analysis(KIDA), Global Strategy division. Specializing in Russian military and strategic affairs, she is also a consultant for the ROK Air Force on its policy development. She received her Ph. D degree at d'Etudes politiques de Paris. Previously, she had served as the head of Center for Security Strategy Research, and also as the part of the presidential advisory board for national defense development. Also, she had been a research fellow on military issues for Centre Nationale de la Recherche Scientifique and a visiting fellow for the l'Institut des Hautes Études de Défense.</td></tr>
<tr><td rowspan="5">[토론]

황일도
Ildo Hwang</td><td>직책</td><td>주간동아 기자</td></tr>
<tr><td>학력</td><td>연세대 정치학 박사</td></tr>
<tr><td>경력</td><td>동아일보 입사('00),
한국기자협회 주관 '이달의 기자상'</td></tr>
<tr><td>주요 저서</td><td>『김정일, 공포를 쏘아올리다』,
『북한 군사전략의 DNA』</td></tr>
<tr><td colspan="2">Dr. Ildo Hwang is Staff Writer of Dong-A Ilbo Media Group, Korea. He received his Ph.D. in International Politics from Yonsei University, Korea. His primary research interests are North Korea's military behaviors, ROK-U.S. alliance, and security policy making process of South Korean government. He wrote two books about North Korean WMD and strategic culture.</td></tr>
</table>

✻ Session 2 참가자

<table>
<tr><td rowspan="5">[사회]

김기정
Ki-Jung Kim</td><td>직책</td><td>연세대학교 정치외교학과 교수, 항공우주력 학술프로그램 공동위원장, 연세대학교 행정대학원장</td></tr>
<tr><td>학력</td><td>美 코네티컷 주립대학교 정치학 박사</td></tr>
<tr><td>경력</td><td>연세대학교 동서문제연구원 원장, 한국정치학회 부회장</td></tr>
<tr><td>주요 저서</td><td>『미국의 동아시아 개입의 역사적 원형과 20세기 초 한미관계』, 『1800자의 시대스케치』,
『한미관계 130년』, 『연미책 부침의 역사』</td></tr>
<tr><td colspan="2">Ki-Jung Kim is Professor in the Department of Political Science and International Studies, Yonsei University. He received Ph. d. from the University of Connecticut in 1989. He was Director of The Institute of East and West Studies at Yonsei University and Vice President of The Korean Political Science Association. He has been teaching and conducting researches in the field of International Relations, East Asian International History, and Korea's Foreign Policy. He was written many books and articles on Northeast Asian regional politics, American foreign policy, and peace government on the Korean Peninsula, including The historical Patterns of US Involvement in East Asia and the Studies of Korean-US Relations in the Early 1900s; Sketching our time in 1800 words.</td></tr>
</table>

<table>
<tr><td rowspan="5">[발표]

최종건
Jong-Kun Choi</td><td>직책</td><td>연세대학교 정치외교학과 교수,
연세대학교 항공우주력 학술프로그램 책임연구원</td></tr>
<tr><td>학력</td><td>美 오하이오 주립대학교 정치학 박사</td></tr>
<tr><td>경력</td><td>북한대학원대학교 교수, 외교통상부 한반도 평화분과 자문위원, 인천광역시 남북협력위원회 위원, Asia Perspective 편집위원, 연세대 ASTI 안보전략센터장, 연세대학교 행정대학원 부원장</td></tr>
<tr><td>주요 저서</td><td>『안보학과 구성주의』, 『비대칭적 한미 동맹관계와 한국인의 대미태도』</td></tr>
<tr><td colspan="2">Jong-Kun Choi is a Professor at the Department of Political Science and International Studies at Yonsei University. For the university wide, he is Faculty Editor in Chief of Yonsei Annals, Korea's oldest college English magazine. Choi specializes in International Relations theories, Northeast Asian Security, Political psychology and public opinion on national identity and foreign policy attitudes. His articles have so far appeared in International Security, Global Asia, Asian Perspective, Journal of International Peace, Korea Journal of Defense Analysis, Korean Political Science Review, International Relations of the Asia Pacific and many others. He served as member of advisory council to the Standing Committee on Diplomacy, Trade and Unification of the National Assembly of Korea. He has been Yonsei University's coordinator for Air Power Annual Conference with the ROK Air Force.</td></tr>
<tr><td rowspan="4">[발표]

이대열
Dae Yearl Lee</td><td>직책</td><td>국방과학연구소(ADD) 수석연구원</td></tr>
<tr><td>학력</td><td>인하대 항공공학 박사</td></tr>
<tr><td>경력</td><td>국방과학연구소(ADD) 항공체계개발단장, KT-1/KA-1/KGGB 사업책임자, 보라매 사업 탐색개발 사업책임자, 예) 공군 대령(공26)</td></tr>
<tr><td colspan="2">Dae Yearl Lee is currently a Research Fellow at ADD (Agency of Defense Development) in Korea. He received his Ph. D at Inha University, Department of Aerospace Engineering. Previously, he was the head of air system development program in ADD.</td></tr>
</table>

<table>
<tr><td rowspan="5">[발표]

채연석
Yeon-Seok Chae</td><td>직책</td><td>과학기술연합대학원대학교 과학기술경영정책 교수</td></tr>
<tr><td>학력</td><td>美 미시시피주립대학교 항공우주공학 박사</td></tr>
<tr><td>경력</td><td>한국우주소년단 부총재, 한국항공우주연구원 연구위원</td></tr>
<tr><td>주요
저서</td><td>『우주회귀론』, 『꿈의 로켓을 쏘다』, 『인간을 살릴 우주에너지』, 『우리는 이제 우주로 간다』</td></tr>
<tr><td colspan="2">Professor Yeon-Seok Chae is currently a Professor of Science Technology Management Policy at University of Science and Technology(UDT). He is also the former president of KARI(Korea Aerospace Research Institute). He received his Ph. D program from Aerospace Engineering Department, Mississippi University. Previously, he had also been the Vice President of Young Astronauts Korea.</td></tr>
<tr><td rowspan="5">[토론]

김종대
Jong-Dae Kim</td><td>직책</td><td>디펜스 21 플러스 편집장, 디엔디포커스 편집장</td></tr>
<tr><td>학력</td><td>연세대학교 경제학 학사</td></tr>
<tr><td>경력</td><td>국무총리 산하 비상기획위원회 혁신기획관,
청와대 국방 보좌관실 행정관, 16대 대통령 인수위원회 국방전문위원</td></tr>
<tr><td>주요
저서</td><td>『대북 억지와 미래항공력』, 『서해전쟁』,
『김종대 정욱식의 진짜안보』 등</td></tr>
<tr><td colspan="2">Jong-Dae Kim is the editor-in-chief of the defense and security magazine, 'Defense 21+'. After graduated from Yonsei University, he served as a secretary to the 14th National Assembly's National Defense Committee and now, he is an expert on national defense who dealt with national defense issues for 10 years, from the 14th to 16th National Assembly. After a chance to discuss about the security issues of Korea with Roh Moo Hyun in 2002, he was selected as an expert adviser of the 16the Presidential Transition Committee. After that, he served as an executive officer at the presidential defense aide team, an innovation planner of the National Emergency Planning Commission, and a policy adviser of the Minister of National Defense.</td></tr>
</table>

<table>
<tr><td rowspan="5">[토론]

황진영
Jin-young Hwang</td><td>직책</td><td>항공우주연구원 미래전략본부장</td></tr>
<tr><td>학력</td><td>英 서섹스대학교 과학기술정책학 박사</td></tr>
<tr><td>경력</td><td>항공우주연구원 정책협력센터장 / 정책기획부장,
항공우주 정책법학회 이사</td></tr>
<tr><td>주요
저서</td><td>『민간항공기 개발의 WTO 규정과 정부지원』,
『우리나라 로켓 개발의 현주소』,
『우리나라 항공우주산업 현황과 전망』</td></tr>
<tr><td colspan="2">Dr. Jin-young Hwang is the Director of Future Strategy Head office at Korea Aerospace Research Institute(KARI). He received his Ph. D in Science Technology from Sussex University, England. Previously, he had also served as the Director of Policy and International Relations at KARI and was on the board of directors for the Korea Society of Air & Space Law and Policy.</td></tr>
<tr><td rowspan="5">[토론]

이정훈
Jung Hoom Lee</td><td>직책</td><td>동아일보 편집위원</td></tr>
<tr><td>학력</td><td>연세대 정치학 석사</td></tr>
<tr><td>경력</td><td>주간동아 편집장, 논설위원, 신동아 기자</td></tr>
<tr><td>주요
저서</td><td>『천안함 정치학』, 『한국의 핵주권』,
『공작』, 『발로 쓴 反동북공정』</td></tr>
<tr><td colspan="2">Senior Writer, the Monthly Shindonga. Reporter for the Monthly Chosun, the Weekly Chosun, the Weekly Magazine Sisajournal, and the Weekly Dong-A. Chief Editor, the Weekly Dong-A. MA, Political Science, Yonsei University.</td></tr>
</table>

✻ Session 3 참가자

[사회]

문정인
Chung-in Moon

직책	연세대학교 정치외교학과 교수 항공우주력 학술프로그램 공동위원장 영문계간지 *Global Asia*의 편집인, 김대중도서관 관장
학력	美 메릴랜드대학교 정치학 박사
경력	前 대통령자문 동북아시대위원회 위원장 외교통상부 국제안보대사, 미국 국제학회(ISA) 부회장
주요 저서	『중국의 내일을 묻다』, 『일본은 지금 무엇을 생각하는가』, 『동북아시아 지역공동체의 모색』

Chung-in Moon is a professor of political science at Yonsei University, editor-in-chief of Global Asia, a quarterly magazine in English, and director of the Kim Dae-Jung Presidential Library. He served as Dean of Yonsei's Graduate School of International Studies, Ambassador for International Security Affairs at the ROK Ministry of Foreign Affairs and Trade, and Chairman of the Presidential Committee on Northeast Asian Cooperation Initiative, a cabinet-level post. Dr. Moon served as a long-time policy advisor to South Korean government agencies such as the National Security Council of the Office of the President, the Ministry of Foreign Affairs and Trade, the Ministry of National Defense, and the Ministry of Unification. And the President of the Korea Peace Research Association.

[토론]

마크 드보어
Marc R. DeVore

직책	英 세인트 앤드류스대학 국제관계 담당 교수
학력	美 매사추세츠 공과대학 정치학 박사
주요 저서	『세계화와 방위산업』, 『유럽의 군비협력』, 『무기산업의 정치경제』 등

Marc R. DeVore holds a Ph.D. in political science from the Massachusetts Institute of Technology (MIT). Dr. DeVore's current research deals with the political economy of the arms trade, civil-military relations and violent non-state actors. His past and upcoming articles have been featured in: Review of International Political Economy, Security Studies, European Security, Cold War History, Defense and Peace Economics, Comparative Strategy and Defense and Security Analysis. In 2002-02 Dr. DeVore served as National Security Advisor to the President of the Central African Republic.

[토론]

박상묵
Sang-Mook Park

직책	한서대학교 항공학부 항공레저산업학과 교수
학력	목원대 국제경영학 박사
경력	대통령직속 국가안보총괄점검회의 위원, 국방부 전신전력리더십개발원 원장 예) 공군 소장(공24), 국방대 부총장, 교육사령관

Sang-Mook Park is a Professor at Hanseo University. He served as a deputy chief of staff for personnel in the ROKAF, deputy chief of staff for intelligence at UNC/ROK-US CFC, chief of TRADOC of ROKAF, Associate dean of Korea National Defense University, chief of the Moral Strength and Leadership Development Center under the Defense Ministry, and a member of presidential NSC.

[토론]

장성섭
Seong-Seop Jang

직책	한국항공우주산업(KAI) 부사장
학력	英 크랜필드대학교 항공공학 석사
경력	한국항공우주학회 부회장, 삼성항공 기체생산기술 부장
주요 저서	『젊고 패기 있는 엔지니어가 나라의 희망』

Seong-Seop Jang is the vice president of Korea Aerospace Industries(KAI). After graduating Seoul National University, he received M.A. in Cranfield University on Aerospace Engineering. He received IR52 Jang Young Sil Award and prime minister citiation for his dedication in developing T-50. He was selected as one of the Korea's 100 leaders in technology.

[토론]

김귀근
Gui-guen Kim

직책	연합뉴스 정치부 차장
학력	우석대 신문방송학 학사
경력	연합뉴스 북한부·남북관계부 기자, 국방담당 예비전문기자
주요 저서	『IMF 타고넘기』

Mr. Gui-geun Kim is currently the Deputy Head of the Politics Department for Yeonhap News. He received his B.A from Woosuk University, Department of Journalism and Broadcasting. He has specialized in North Korea, South-North relations, and National Defense.